AF311501

CAPITAINE BREVETÉ DESHUILS

Progression de Dressage

DU CHEVAL DE TROUPE

PAR DES PROCÉDÉS NOUVEAUX

PARIS — NANCY

LIBRAIRIE CHARLES LAVAUZELLE

PROGRESSION DE DRESSAGE

DU

CHEVAL DE TROUPE

Capitaine breveté **DESCOINS**

Progression de Dressage

DU

CHEVAL DE TROUPE

PAR DES PROCÉDÉS NOUVEAUX

PARIS

Henri **CHARLES-LAVAUZELLE**

Éditeur militaire

10, Rue Danton, Boulevard Saint-Germain, 118

(MÊME MAISON A LIMOGES)

AVANT-PROPOS

Les progrès de l'armement et l'évolution des idées sur la tactique de la cavalerie ont, au point de vue équestre, la conséquence suivante :

La cavalerie doit parcourir aux allures rapides des espaces beaucoup plus étendus que par le passé. Le degré de sang de ses chevaux doit, en conséquence, s'élever de plus en plus.

Pour tirer parti de semblables chevaux, il faut des cavaliers plus habiles que jamais.

Former des cavaliers habiles n'est possible qu'avec des chevaux bien dressés.

« Le dressage des chevaux exerce sur l'instruction des recrues une influence immédiate et décisive.

» De même que les vieux chiens forment les jeunes chasseurs, les vieux chevaux bien dressés forment les jeunes cavaliers et les forment rapidement.

» C'est à la condition de faire exécuter sans effort à leurs chevaux les exercices démontrés, à la condition de ne rencontrer chez leurs montures ni résistance ni défense, et à cette condition seule, que les recrues acquièrent presque instantanément la confiance sans laquelle il n'est pas de cavalier. »

Autrement dit, l'instruction équestre de l'homme de troupe et le dressage du cheval de troupe doivent être poussés beaucoup plus loin que par le passé si l'on veut que la cavalerie donne, dans la guerre moderne, tout le rendement que l'on est en droit d'attendre d'elle.

Par contre, la durée du service militaire décroît à mesure que la nécessité s'impose d'avoir des cavaliers de plus en plus habiles.

Le service de deux ans va-t-il rendre le problème insoluble, mettre en présence deux données contradictoires, créer une *impossibilité ?*

Le mot « impossible » n'est pas français.....

Le facteur « durée de service » nous échappe, mais l'autre, le facteur « procédés d'instruction », reste un champ d'investigations illimité et, dans cet ordre d'idées, peut-être y a-t-il beaucoup à faire.

Les méthodes classiques d'équitation et de dressage employées par des maîtres ont donné et donnent encore à une élite d'écuyers le moyen d'obtenir des chevaux mis avec la plus remarquable perfection.

Mais il faut convenir que ces méthodes, appliquées au dressage du cheval de troupe par un cavalier de rang, sont loin de conduire à des résultats analogues, si l'on en juge par le nombre de chevaux rétifs ou difficiles que l'on rencontre dans les régiments de cavalerie ainsi que par le nombre extrêmement restreint de chevaux *équilibrés* que l'on trouve dans ces mêmes régiments.

Il faut reconnaître aussi que ces méthodes seraient, au moment d'une mobilisation, inapplicables aux chevaux de réquisition qui, *du jour au lendemain*, doivent entrer dans le rang et y être *utilisables.*

Ces réflexions n'ont d'ailleurs rien qui puisse éveiller la susceptibilité des cavaliers imbus des traditions classiques.

Le problème équestre se pose en effet d'une manière toute différente à Saumur et dans un régiment.

A Saumur, il s'agit de former des cavaliers capables de monter n'importe quel cheval.

Dans un régiment, il s'agit avant tout de former des chevaux qui puissent être montés par n'importe quel cavalier.

L'enseignement de l'Ecole doit multiplier les difficultés pour obliger l'élève à les vaincre et développer ainsi son *habileté personnelle.*

Au régiment, tout procédé, même artificiel, trouve au contraire son application s'il permet d'obtenir du peu d'habileté personnelle des cavaliers le rendement maximum.

Enfin les conditions de temps, de milieu, de facilités matérielles d'instruction, d'expérience « pédagogique » des instructeurs sont également bien différentes dans les deux cas.

Les succès personnels remportés dans tous les genres d'équitation par les cavaliers procédant de l'Ecole de Saumur ne peuvent donc être invoqués en faveur de l'efficacité de leurs méthodes pratiquées dans un régiment.

Sous l'empire des considérations qui précèdent, j'ai entrepris, depuis longtemps déjà, l'établissement d'une progression simple visant uniquement le dressage du cheval de troupe par un homme de troupe.

Ce travail m'a, entre autres choses, amené à étudier d'une manière toute particulière les procédés de *domptage* du dresseur américain Norton Smith.

Ils m'ont donné les meilleurs résultats.

Plus récemment, j'ai appliqué à l'ordre d'idées vers lequel je m'étais orienté précédemment certains procédés d'assouplissement dérivés de la « monte américaine » et reposant sur le principe du point d'appui sur l'encolure (1).

Ces procédés m'ont généralement donné de bons résultats.

Cependant, en présence de quelques insuccès, le doute m'est venu sur l'exactitude du principe ci-dessus. La méthode expérimentale d'une part, le calcul d'autre part, ont confirmé mes doutes et m'ont donné la cause des difficultés éprouvées, ainsi que les moyens de les surmonter.

Mais, si le point d'appui sur l'encolure ne possède aucune vertu particulière, il n'en subsiste pas moins que l'emploi soit à pied, soit à cheval, d'enrênements simples, reposant sur des bases scientifiquement connues et mathématiquement démon-

---

(1) Agencement de la rêne de filet du capitaine de C..., filet du lieutenant de L..., longe à enrênement du capitaine C...

trées (1), facilite singulièrement le dressage du cheval en général et celui du cheval de troupe en particulier.

Telle est la genèse de la progression développée dans les pages qui suivent.

Elle utilise des procédés différents de ceux de l'école classique.

Ces procédés sont basés sur l'emploi d'*outils* appropriés au but à atteindre.

Entre cette équitation, essentiellement *utilitaire,* et l'équitation *artistique* de Saumur, j'établirai la même différence qu'entre la photographie et la peinture.

Malgré tout ce qui les distingue, n'est-il pas des cas où photographie et peinture rendront *pratiquement* les mêmes services?

Les résultats obtenus par la progression ci-après ne sont, du reste, pas imaginaires.

Ils ont été constatés par plusieurs généraux de cavalerie qui ont bien voulu m'en témoigner leur satisfaction et me dire qu'il y aurait intérêt à ce que cette progression fût vulgarisée dans les régiments.

---

(1) Afin de ne pas fatiguer le lecteur de démonstrations arides et de controverses techniques, j'ai renvoyé au chapitre final toutes les explications d'ordre purement spéculatif.

CHAPITRE Ier

CONSIDÉRATIONS GÉNÉRALES SUR LE DRESSAGE

On sait que les théories innombrables émises sur le dressage du cheval ont donné naissance à diverses écoles, irréconciliables ennemies. Chacune d'elles, n'admettant pas d'autres procédés que les siens, jette l'anathème sur les procédés des autres et il est d'autant plus difficile pour le profane de démêler la vérité au milieu de toutes ces affirmations contradictoires, que, la plupart du temps, les écuyers qui ont écrit sur l'équitation ont manifesté une tendance fâcheuse à transformer leurs procédés en principes et à ériger ces soi-disant principes en méthode. Il est encore plus difficile de démêler la vérité lorsqu'on a pu constater que des écuyers professant les théories les plus opposées, mais doués d'une très grande habileté personnelle, obtenaient, en fin de compte, exactement les mêmes résultats.

La raison de ce fait est assez simple à trouver; il n'y a, en réalité, qu'un seul *principe* en équitation, mais il y a une infinité de *procédés*, plus ou moins rationnels, plus ou moins faciles à appliquer.

Le principe, l'unique principe est *la légèreté dans le mouvement en avant.*

Quant aux procédés, ceux qui donnent le mouvement en avant sans donner la légèreté sont incomplets, parce que le cheval n'est facile et agréable à monter que s'il est léger; ceux qui donnent la légèreté sans impulsion sont dangereux parce que le cheval qui n'a pas d'impulsion devient rapidement rétif; ceux qui donnent à la fois la légèreté et le mouvement en avant sont bons.

Parmi ces derniers, il faut encore faire un choix suivant les aptitudes de chacun.

S'il s'agit, en particulier, du dressage du cheval de troupe, c'est-à-dire d'un instrument imparfait entre des mains encore plus imparfaites, il faut de toute évidence n'employer que des procédés à la portée des

cavaliers de rang, des procédés où la part d'habileté
individuelle soit réduite au minimum.

Il n'existe en France aucune progression réglementaire de dressage.

Aucune méthode d'équitation ou de dressage ne
portant l'estampille officielle, on peut en toute liberté d'esprit jeter un regard — même critique —
sur ce qui se fait.

Pendant la durée de leur dressage, nos jeunes chevaux vont plus ou moins à l'extérieur et sont plus
ou moins familiarisés avec la vue des objets qui pour-
raient les effrayer; lorsqu'ils travaillent au manège,
ils font plus ou moins péniblement des doublers, des
changements de main, des voltes, des demi-voltes, des
appuyers la croupe en dedans ou en dehors, voire la
célèbre « épaule en dedans » de M. de La Guérinière.

Il suffit d'être obligé de prendre *ex abrupto* un
cheval dans le rang pour être fixé sur les résultats
généralement obtenus. Le cheval de troupe, une fois
isolé, est d'ordinaire aussi flottant dans ses allures
qu'il est raide dans le rang.

Quatre-vingt-dix-neuf fois sur cent, l'encolure est
cassée à sa base; elle est, au contraire, en bois à sa
partie antérieure. Quant à la mâchoire, mieux vaut
n'en point parler.

Les mouvements de travers, *exécutés par des hommes de troupe*, et parmi ces mouvements de travers,
je placerai en première ligne « l'épaule en dedans »,
ont fatalement pour effet d'engourdir l'impulsion,
de diminuer le perçant et de casser l'encolure.

Ces inconvénients ne se produisent pas lorsque le
cheval est dressé par un officier ou par un sous-offi-
cier comprenant l'équitation, mais ils se produisent
toujours lorsque le cheval est monté par un cavalier
dont toute l'ambition consiste à exécuter un mouvement commandé, sans d'ailleurs s'être jamais rendu
compte du « pourquoi » de ce mouvement, des résultats qu'il peut donner au point de vue de l'*assouplissement* du cheval.

Au fond, dans le dressage du cheval de troupe, de
quoi s'agit-il?

D'avoir des chevaux qui soient, à l'extérieur, *droits*
sur la ligne droite, pour aller d'un point à un autre
par le chemin le plus court, et droits sur le cercle (1)
pour les changements de direction.

---

(1) C'est-à-dire exactement ployés sur la circonférence
et non comme cela se produit trop souvent, cassés à la
base de l'encolure.

Il faut, de plus, que le cheval puisse être mené facilement d'une seule main, c'est-à-dire qu'il soit léger, assoupli dans le sens de son axe.

Comment le cheval peut-il s'opposer à l'obtention de ce résultat ?

En présentant des résistances morales ou physiques.

La première chose à faire est de se débarrasser de toute résistance morale en obligeant le cheval à la *soumission*.

Il faut ensuite obtenir une impulsion irrésistible, c'est-à-dire le mouvement en avant très franc sous l'action simultanée des deux jambes.

Cela réalisé, il ne reste plus qu'à régler le mouvement, autrement dit qu'à assouplir le cheval d'avant en arrière et d'arrière en avant en conservant toujours l'impulsion, en gardant constamment le cheval droit soit sur la ligne droite, soit sur le cercle.

Pour obtenir ces différents résultats, il suffit de quelques semaines, je dirais presque de quelques jours à condition d'employer les outils voulus.

Ces outils sont :

1° La *longe de dressage*, qui peut être faite avec une corde à fourrages;

2° L'*enrénement de dressage*, qui peut être fabriqué sans frais en utilisant les parties bonnes de harnachement hors de service.

CHAPITRE II

LES RÉSISTANCES MORALES

Toutes les résistances morales sont combattues soit à pied, soit à cheval, par la *longe de dressage.*

La longe dont je me sers ressemble beaucoup à celle inventée par Norton Smith.

Elle n'en diffère que par des détails.

Tout le monde connaît la longe de Norton Smith, communément appelée « la longe Barnum ».

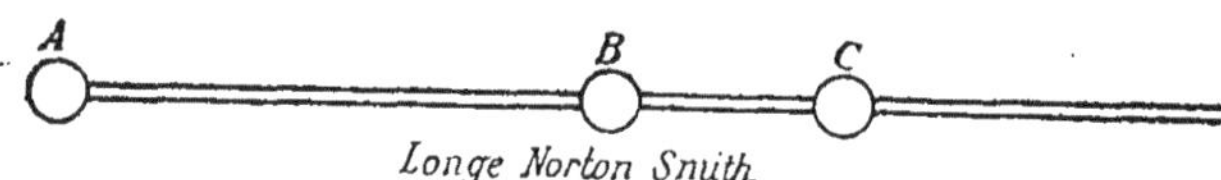

Fig. 1.

C'est une corde de coton d'un centimètre de diamètre environ et d'une longueur de 5 mètres. A l'une des extrémités est fixé par une épissure un anneau A. Deux autres anneaux B et C sont pris dans la longe également par des épissures. Il y a $0^m,70$ entre A et B, $0^m,15$ entre B et C.

La fixité des anneaux B et C a pour inconvénient de ne pas permettre d'employer la même longe pour les chevaux ayant des dimensions de tête très différentes. Je préfère avoir des anneaux absolument mobiles que je fixe sur la longe à la distance voulue en les prenant dans un nœud simple fait avec la longe elle-même. La distance des anneaux B et C est toujours à peu près la même, $0^m,15$ environ. Mais la distance A B peut être variable selon les dimensions de la tête du cheval.

Quant à l'anneau A, je l'ai remplacé par une poulie de corde à fourrages et cela pour deux raisons :

1° L'instrument fonctionne mieux lorsqu'on l'emploie pour *soumettre* le cheval;

2° Cette modification permet d'employer la longe

pour un travail d'assouplissement sur les mors, travail dont je parlerai plus loin.

La longe de dressage se compose donc d'une corde de coton de 5 mètres environ de longueur et d'un centimètre environ de diamètre, terminée à l'une de ses extrémités par une poulie de corde à fourrages fixée par une épissure. Sur la longe, on place, à la distance voulue, deux anneaux mobiles que l'on utilise pour le travail d'assujettissement et que l'on supprime pour le travail d'assouplissement.

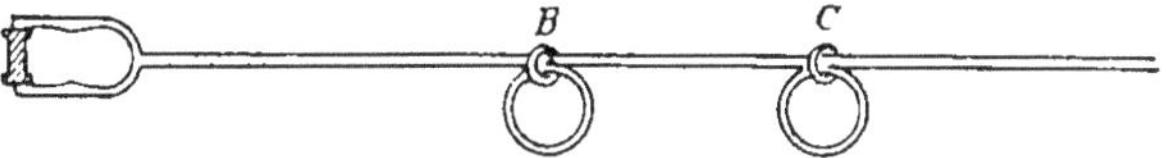

FIG. 2. — Longe de dressage.

On peut fabriquer sans frais une longe de dressage en prenant une corde à fourrages *très usagée* (sans être *usée* toutefois), c'est-à-dire aussi souple que possible, et en y adaptant, comme je l'ai indiqué plus haut, deux anneaux porte-sabre, semblables à celui qui sert à fixer après la selle de troupe le boucleteau porte-sabre.

Emploi de la longe de dressage.

J'ai entendu dire beaucoup de mal de la « longe Barnum ». Les insuccès proviennent de ce que certains cavaliers ont voulu s'en servir sans en connaître l'emploi. Ils n'y ont vu qu'un instrument de contention analogue au tord-nez. Ils l'ont employée comme un tord-nez et n'ont, par suite, obtenu que des résultats souvent très incomplets, ne persistant pas une fois la longe enlevée; ils ont même parfois provoqué des accidents.

Si, au contraire, on suit la *progression* que je vais indiquer, que j'ai appliquée toujours avec succès à un grand nombre de chevaux, on obtient des résultats immédiats et durables.

La longe de dressage s'ajuste de la manière suivante : la partie B C se place dans la bouche du cheval, à la façon d'un mors de filet, C à gauche de la bouche, B à droite. La partie B A passe en têtière par-dessus la tête. Elle doit être de longueur telle que la poulie A arrive au-dessus de l'œil gauche du cheval. On prend ensuite l'extrémité libre de la longe, on la fait passer dans l'anneau B de manière à former gourmette, puis, par-dessus l'encolure. On la passe alors *de dedans en dehors* dans l'anneau C, puis toujours *de dedans en dehors* dans la poulie A et on la fait passer enfin, encore de dedans en dehors, dans l'anneau C.

La figure ci-dessous montre l'ajustage de la longe.

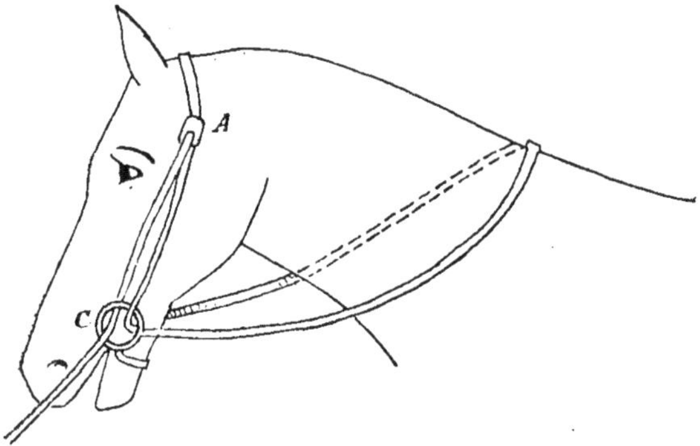

Fig. 3.

Il est aisé de se rendre compte que, si l'on exerce une traction sur l'extrémité libre de la longe, la tête du cheval se trouve absolument fixée sur l'encolure. Dans ces conditions, le cheval perd la libre disposition de ses forces; il est entièrement à la merci de celui qui le dresse.

Telle est la façon d'agir de la longe : tel est le fait matériel qu'il faut exploiter dans le dressage.

Qu'il s'agisse d'un jeune cheval entièrement à dresser ou d'un cheval rétif à redresser, le premier résultat à acquérir est toujours le même : amener le cheval à suivre son dresseur comme le ferait un chien, en liberté, sans être tenu par la longe.

Pour obtenir ce résultat, il faut procéder de la manière suivante :

1° Serrer la longe en agissant (sans brusquerie) sur l'extrémité libre et en regardant le cheval dans les yeux, avec l'idée bien arrêtée de lui imposer sa volonté;

2° Marcher en continuant à tendre la longe et sans quitter le cheval des yeux. Si le cheval suit, laisser *immédiatement* la longe se détendre. Il est essentiel de céder dès que le cheval cède.

Si le cheval ne suit pas, continuer la traction jusqu'à ce qu'il marche, ce qui ne saurait tarder; rendre aussitôt.

Continuer à marcher quelques pas, la longe lâche tant que le cheval suit. Puis, serrer la longe sans brusquerie et changer de direction.

Si le cheval suit le mouvement, rendre; s'il résiste, résister et rendre dès qu'il obéit.

Marcher quelques pas la longe lâche et changer de direction sans tendre la longe. Si le cheval suit, continuer à marcher en changeant fréquemment de direction (quelques pas seulement dans chaque direction).

S'il ne suit pas, lui faire comprendre qu'il a eu tort en serrant la longe jusqu'à ce qu'il ait cédé.

Pendant toute cette première partie du travail, ne pas quitter une seconde les yeux du cheval et s'emparer constamment de son regard.

On recommence ensuite exactement les mêmes opérations en marchant sans regarder le cheval. Si l'animal suit sans hésiter, lui mettre sur l'encolure la partie libre de la longe et le faire suivre d'abord en le regardant, puis sans le regarder.

Si tout ce travail a été bien fait, on obtient ce résultat que le cheval se porte en avant très franchement dès que le dresseur se met en marche et surtout si celui-ci exerce la moindre traction sur la longe.

Il ne faut pas cinq minutes pour acquérir cette précieuse manifestation de soumission. Je répète qu'il est essentiel de procéder à ce travail avant tout autre emploi de la longe de dressage. On peut ensuite, à l'aide de la longe, habituer le cheval à tout ce qu'on veut.

La manière de procéder est la même dans tous les cas.

Je prends, par exemple, le dressage au montoir. Le cheval est sellé et muni de la longe. Le dresseur commence par serrer la longe. Puis il met le pied à l'étrier : à ce moment précis, il rend. Pour le cheval, le moment où le cavalier monte à cheval coïncide donc avec une détente.

Neuf fois sur dix, le dresseur pourra continuer à se mettre en selle sans que le cheval bronche. Mais si le cheval remue seulement une jambe, aussitôt il faut serrer la longe et recommencer la leçon du montoir en rendant seulement lorsqu'on en sera revenu au temps où le cheval a commis la faute. Après cela, deuxième exercice de la même leçon : la longe n'est pas serrée, le cheval est absolument libre. Le dresseur monte à cheval en tenant la longe dans la main gauche : il n'agit sur la longe que si le cheval bouge et rend dès que le cheval reste immobile.

Le dresseur peut aussi, pour la leçon du montoir, se placer devant le cheval et se servir de la longe pendant qu'un aide monte à cheval.

Pour ma part, je préfère opérer tout seul, étant ainsi plus certain de rendre et de reprendre (s'il y a lieu) à propos.

Je prends un autre exemple : habituer le cheval aux coups de feu.

Méthode identique, c'est-à-dire deux séries d'exercices :

1re série : serrer la longe, rendre au premier coup de feu, etc.;

2e série : laisser la longe lâche, tirer ou faire tirer des coups de feu et ne serrer que si le cheval bouge.

On procéderait identiquement de la même manière pour habituer le cheval au sabre, à la lance, pour le dresser à se laisser lever les pieds, à rester calme au pansage, à se laisser harnacher, etc., etc.

Chacun de ces dressages, même avec les chevaux difficiles, ne demande pas plus de quelques minutes. J'ai entendu contester que le résultat, ainsi obtenu, restât acquis pour les jours suivants : l'objection n'en est pas une.

Le cheval est un enfant. Nous lui avons appris aujourd'hui une leçon qu'il nous a récitée sans faute. Si nous voulons qu'il la sache définitivement, il faut, comme nous le faisons pour un enfant, la lui faire réciter plusieurs fois de suite. J'ajoute toutefois qu'avec la longe de dressage bien employée, point n'est besoin de la faire réciter un grand nombre de fois : elle est très vite sue, autrement vite qu'avec les procédés classiques.

Pendant tout le début du dressage, il est excellent de familiariser, à l'aide de la longe de dressage, le cheval avec tous les objets qu'il pourra rencontrer par la suite et qui seraient de nature à l'effrayer (1).

On s'évitera ainsi pour l'avenir bien des luttes, bien des batailles dont le moindre inconvénient est de fatiguer les membres du cheval.

Ce que je viens de dire au sujet de la longe de dressage pourrait me dispenser d'exposer comment on se sert de cet instrument pour donner au cheval monté la leçon des jambes et celle de l'éperon.

---

(1) Par exemple, le dressage à l'embarquement en chemin de fer, qui est un jeu quand on se sert de la longe de dressage, etc., etc.

Cependant cette leçon a une telle importance qu'au risque de commettre des redites, je crois bon d'exposer en deux mots comment elle se donne.

Le dresseur fait monter un aide sur le cheval et se place en avant de l'animal. Le cavalier ferme les deux jambes. En même temps le dresseur exerce sur la longe une traction et se met en marche. Comme le cheval a été préalablement habitué à suivre son dresseur, il se met immédiatement en mouvement : une cession de la longe le récompense aussitôt.

Puis, 2ᵉ série : le cavalier ferme les jambes et le dresseur n'exerce une traction sur la longe que si le cheval n'a pas compris, etc.

La leçon de l'éperon se donne identiquement de la même manière.

Il faut toutefois prendre la précaution d'allonger la longe de dressage à l'aide d'une ou deux cordes à fourrages, de manière à ne pas risquer de dégoûter le cheval par l'action intempestive d'une longe trop courte se produisant au moment où l'animal se porte vivement en avant.

×

La longe de dressage est un instrument extrêmement efficace en de bonnes mains. Elle procure des résultats immédiats, mais à la condition de savoir s'en servir. Il est certain que, mal employée, elle produirait des effets tout autres et qu'une mauvaise leçon serait aussi vite retenue qu'une bonne.

L'emploi de la longe doit donc être réservé à l'officier chargé du dressage et à quelques gradés de choix qu'il aura instruits au préalable. Cette instruction n'est pas difficile à donner : il suffit de vouloir pour former des élèves. Ceux-ci apprennent d'autant plus volontiers que la constatation des résultats obtenus est pour eux une réelle satisfaction.

Lorsqu'on se sert d'une longe faite avec une corde à fourrages, il est essentiel, je le répète, de prendre une corde *très usagée* et, par suite, très douce.

Il faut aussi regarder si la longe se desserre suffisamment lorsqu'on cesse d'exercer une traction sur son extrémité libre. Si le desserrage n'était pas suffisant, il serait nécessaire de la compléter à la main. Mais, en choisissant bien ses cordes à fourrages, on arrive à en trouver de suffisamment souples pour se desserrer d'elles-mêmes. Une longe faite avec une de ces cordes se comporte tout aussi bien qu'une longe en corde de coton.

CHAPITRE III

LES RÉSISTANCES PHYSIQUES

Le cheval sait se porter en avant sous l'action des jambes. Il faut maintenant régler ce mouvement, en être maître, autrement dit se mettre à même d'annihiler les contractions qui proviendraient de la structure ou de l'attitude du cheval, c'est-à-dire les *résistances physiques*.

Tel est le but qu'on se propose dans le travail d'assouplissement.

Ce travail, pour le cheval de troupe, doit être limité au degré voulu pour que le cheval soit agréable à monter à l'extérieur. Les divergences d'opinion les plus accusées se sont manifestées au sujet de la manière de procéder à l'assouplissement du cheval.

Les écuyers de l'école classique professent qu'il faut d'abord assouplir l'arrière-main parce que celle-ci est le siège de l'impulsion.

Les écuyers de l'école Baucher et des dérivés de cette école professent l'opinion exactement opposée en se basant sur ce fait d'expérience que toutes les contractions de l'arrière-main ont leur répercussion sur la mâchoire et sur l'encolure. Ils en concluent que l'on doit tout d'abord être maître de l'avant-main pour pouvoir s'opposer aux contractions de l'arrière-main. Tout ceci n'est au fond qu'une querelle de procédés et non une question de principe.

L'école classique, en commençant l'assouplissement par l'arrière-main, se donne l'avantage de travailler dans le mouvement en avant. Mais l'assouplissement initial de l'arrière-main ne peut matériellement pas être poussé très loin, parce que, à moins d'avoir affaire à un cheval très bien conformé et, par suite, naturellement équilibré, on est rapidement arrêté par des contractions de la mâchoire et de l'encolure. Avant de poursuivre le dressage, on est obligé de détruire ces contractions, en raison de l'étroite corrélation qui existe entre les résistances de l'avant-main et celles de l'arrière-main, corrélation qui forme précisément la base du système Baucher.

Il est à remarquer que les chevaux à mauvais jarrets contractent la mâchoire, que les chevaux souffrant du rein contractent la base de l'encolure. La corrélation semble, de plus, s'établir latéralement.

C'est-à-dire que, *la plupart du temps*, un cheval qui, pour un motif quelconque, refuse d'engager le jarret droit (par exemple), présentera des contractions dans le côté droit de la mâchoire.

Sans que l'on doive rien poser de tout à fait absolu à cet égard, on peut admettre, d'une manière générale, que les contractions ou résistances des jarrets se répercutent dans la mâchoire, celles de la croupe à la partie antérieure de l'encolure, celle du rein à la base de l'encolure.

Ces considérations expliquent pourquoi l'assouplissement *initial* de l'arrière-main, d'après les procédés de l'école classique, est forcément borné à des mouvements de côté obtenus en sollicitant la cession à l'action d'une jambe isolée. Dans ces mouvements, le cavalier qui n'est pas doué de beaucoup de tact — c'est le cas de nos cavaliers de rang — aide à l'action de la jambe par des effets latéraux trop accentués de la rêne du même côté et obtient fatalement le double mauvais résultat de diminuer l'impulsion et de casser l'encolure.

Quoi qu'il en soit, après un assouplissement incomplet de l'arrière-main, on passe à l'avant-main. Les procédés classiques pour assouplir l'avant-main, parfaits entre les mains d'écuyers de talent, sont pleins d'écueils entre des mains inexpérimentées.

L'épaule en dedans, considérée comme assouplissement, procède de l'idée, juste en elle-même, de placer le cheval dans une attitude telle que la contraction à combattre soit forcément diminuée.

On retrouve cette idée à la base du travail en cercle et, d'une manière générale, dans tous les procédés de dressage reposant sur l'*exécution de mouvements*.

Le cavalier qui raisonne ses actions obtient des résultats non parce qu'il fait exécuter un *mouvement* à son cheval, mais parce que, en le faisant exécuter, il a constamment eu en vue la *contraction à détruire* et s'aide, dans ce but, de l'attitude donnée par ou pour ce mouvement.

Tel n'est pas le cas de l'homme de troupe montant un cheval de dressage.

Aussi, à mon humble avis, *l'épaule en dedans*, généralement mal exécutée, a-t-elle cassé plus d'encolures qu'elle n'a assoupli de chevaux.

Les assouplissements de la mâchoire et de l'encolure s'obtiennent d'après les procédés classiques, en poussant sur une main fixe.

C'est encore une chose difficile à réaliser. Si le cavalier n'est pas doué de beaucoup de tact, l'assouplissement cherché ne se produit pas ou tout au moins n'arrive qu'après des tâtonnements assez longs pendant lesquels l'augmentation d'impulsion, reçue par une encolure et une mâchoire raides, reflue sans décomposition de force sur les jarrets qu'elle écrase et ruine promptement.

Enfin, une fois l'avant-main assouplie, on parfait l'assouplissement de l'arrière-main en travaillant « les deux bouts réunis ».

Tout ce dressage constitue un *travail d'artiste ;* mais, comme tous les travaux de cette nature, il est à la fois long et difficile à exécuter.

Le système Baucher, tout en réalisant, s'il est bien pratiqué, l'assouplissement d'une manière plus rapide que les méthodes classiques, présente des écueils d'un autre genre et, il faut le reconnaître, d'un extrême danger.

L'assouplissement de la mâchoire et de l'encolure est demandé tout d'abord de pied ferme. Au cours du dressage, le cheval est surtout travaillé au pas.

Si donc le cavalier n'est pas extrêmement habile, il obtiendra un cheval sans impulsion, bientôt en arrière de la main, parfois même en arrière des jambes.

Je crois cependant que l'opinion des bauchéristes (commencer par l'assouplissement de la mâchoire et de l'encolure) repose sur une idée plus juste que l'opinion inverse professée par l'école classique.

Dire qu'il faut commencer par assouplir l'arrière-main parce que celle-ci est le siège de l'impulsion me paraît poser une conclusion sur des prémisses d'une nature absolument différente. L'arrière-main peut parfaitement produire de l'impulsion sans être assouplie. (Exemple : les chevaux de course.)

Empruntant à l'école classique sa préoccupation du mouvement en avant et à l'école Baucher son opinion sur l'ordre dans lesquels les différentes parties doivent être assouplies, je dirai :

Avant toute chose, dans le dressage, il faut que le cheval se porte très résolument en avant sous l'action simultanée des deux jambes. Une fois ce résultat acquis (j'ai dit comment on l'obtient à l'aide de la

longe de dressage), il faut assouplir la mâchoire et
l'encolure en gardant constamment l'impulsion pour
rester dans le *principe*, l'unique principe qui domine
l'équitation : la légèreté dans le mouvement en avant.
A cet effet, il est indiqué de faire choix de procédés
qui produisent l'assouplissement sans rien prendre
sur l'impulsion, *en localisant les effets produits par
le cavalier sur la région de l'avant-main, où se manifeste la principale résistance à combattre.*

Cette principale résistance annulée, les autres tom-
bent d'elles-mêmes.

Les résistances physiques proviennent, soit d'une
répartition défectueuse du poids entre l'avant-main
et l'arrière-main, soit de contractions de l'arrière-
main avec leur répercussion sur l'avant-main, soit de
contractions locales de l'avant-main.

Si la répartition du poids entre l'avant-main et
l'arrière-main est défectueuse, on y remédiera en plaçant l'avant-main à la hauteur convenable.

On peut déterminer, soit expérimentalement, soit
par le calcul, la hauteur théorique à laquelle l'encolure doit être placée pour que la répartition du poids
chez un cheval d'une taille et d'une conformation donnée amène l'équilibre théorique.

Dans la pratique, cette hauteur dépend aussi de la
force relative des différentes parties et, en particulier, de l'état de l'arrière-main.

Ainsi l'on obtiendra rarement de bons résultats en
cherchant à placer haut une jument pisseuse ou un
cheval qui souffre du rein. Avant tout, il faut mettre
le cheval à son aise : la bonne hauteur est celle où
l'on obtient le plus facilement la *légèreté dans l'impulsion.*

Pour être maître d'un cheval, il est donc nécessaire
d'avoir, entre autres choses, le moyen de placer son
encolure à la bonne hauteur (c'est-à-dire soit de rele
ver, soit d'affaisser, selon le cas, l'attitude naturelle), et de lutter contre les contractions qui s'oppo-
seraient à l'obtention de ce résultat.

Lorsque le poids est bien réparti entre l'avant-main
et l'arrière-main, les contractions de la mâchoire et
de l'encolure cèdent, la plupart du temps, à des actions légères et intermittentes des doigts sur les rênes : un effet de force, s'il était mal dirigé, modifie-
rait la répartition du poids.

Il est cependant des cas où, le cheval *refusant* de
céder, il devient nécessaire de l'y *contraindre.*

C'est alors la lutte de deux forces agissant en sens

contraire. Il est nécessaire que le cavalier ait le moyen de faire tourner cette lutte à son avantage.

Dans ce cas, l'habileté équestre cède le pas à la force pure et simple, et le problème à résoudre semble relever plus de la mécanique que de l'équitation. Le cheval mettant en jeu une force F, il faut que le cavalier puisse produire une force F'', F'> F... (1).

Pour obtenir ces différents résultats avec une bride ordinaire, il faut une habileté que tous les cavaliers ne parviennent pas à acquérir.

De plus, même entre les mains de bons cavaliers, la bride ordinaire ne possède pas toujours une puissance suffisante pour venir à bout de certaines difficultés. Ainsi, que d'accidents arrivent, par exemple, à des cavaliers emballés par leurs montures!

Sans aller jusque-là, combien d'hommes de troupe éprouvent-ils des difficultés à *tenir* leurs chevaux dans le rang, dès qu'on manœuvre à une allure. un peu rapide et surtout dès qu'on prend le galop allongé! C'est là que se manifeste de la manière la plus saisissante l'impossibilité pour le cavalier militaire de se conformer aux préceptes de l'équitation classique.

« Si le cheval tire, ai-je entendu souvent répéter, c'est que le *cavalier* n'a pas de jambes. »

Il est parfaitement exact qu'un cavalier isolé pourra, *s'il est habile*, empêcher, à l'aide des jambes, son cheval de tirer.

Mais *dans le rang*, alors que la pression des voisins, que le sabre d'un côté et souvent *la lance* de l'autre enlèvent aux jambes toute indépendance et toute précision, la chose est-elle possible? (2).

Au lieu de cela, si, à l'aide de moyens appropriés au but, nous localisons nos actions sur la région où se produit la contraction, il nous deviendra possible de conduire *légèrement*, quoique aux allures les plus rapides, un cheval, soit isolé, soit dans le rang.

Il existe certains dispositifs qui permettent d'obtenir ce résultat *dans des cas déterminés*.

---

(1) « Equitation par effets de force », diront peut-être certains critiques. Cette appréciation n'est, en tout cas, pas celle des cavaliers qui ont pris la peine d'étudier et d'expérimenter les procédés indiqués dans cette progression : le cheval, sachant qu'il ne peut lutter, cède à la moindre action et le cavalier n'a, en définitive, jamais à employer d'une manière constante la puissance que lui donne l'emploi de l'enrênement de dressage.

(2) La division des appuis ne peut pas non plus être pratiquée par le cavalier militaire qu' a le sabre à la main.

En établissant mon enrênement de dressage, je me suis proposé de construire un *outil* qui, pouvant s'agencer de différentes manières suivant la résistance à combattre, réunisse en un seul et même appareil les moyens d'action dont le cavalier peut avoir besoin *quel que soit le cas.*

Ces moyens seront d'autant meilleurs qu'ils seront plus puissants, parce que le cheval, se rendant immédiatement compte de son infériorité, renoncera à provoquer une lutte dans laquelle il se saura vaincu d'avance.

Il n'y a pas à redouter de mettre entre des mains inexpérimentées un instrument très puissant : plus l'instrument est puissant, moins souvent le cavalier a l'occasion d'y recourir.

J'ai donc cherché à réaliser le maximum de puissance en agençant les rênes de manière à modifier, selon le cas, la direction dans laquelle elles agissent et de manière aussi à augmenter au besoin leur effet.

Enfin, une fois le cheval léger et dans l'impulsion, les modifications d'allure ou de direction résulteront de modifications dans la répartition du poids. D'où l'usage de deux mors : l'un, le mors de filet, monté sur l'enrênement de dressage, ayant pour objet de combattre les résistances; l'autre, le mors de bride ou un deuxième filet, servant à répartir, au gré du cavalier, le poids qui a été au préalable équilibré.

Description de l'enrênement de dressage (1).

L'enrênement de dressage (fig. 6, 7 et 8) se compose de : un mors de filet, une têtière, deux montants, une paire de rênes, un dessus d'encolure, deux courroies de retraite.

Le mors de filet F est un mors réglementaire à double brisure dont les chaînettes ont été enlevées.

La têtière T se place sous celle de la bride en passant de chaque côté dans la gaine du frontal. Un dé carré B est fixé par une enchapure au milieu et en arrière de la têtière.

Chaque montant est terminé à sa partie inférieure par un anneau cousu D, à sa partie supérieure par une boucle A sur laquelle la têtière vient se fixer. Il est avantageux, pour le bon fonctionnement de l'enrênement, que les montants soient faits, en cuir rond.

---

(1) Mon enrênement de dressage se trouve chez M. Rivière, maître sellier au 12e d'artillerie, à Vincennes, qui en a établi le modèle sur mes indications.

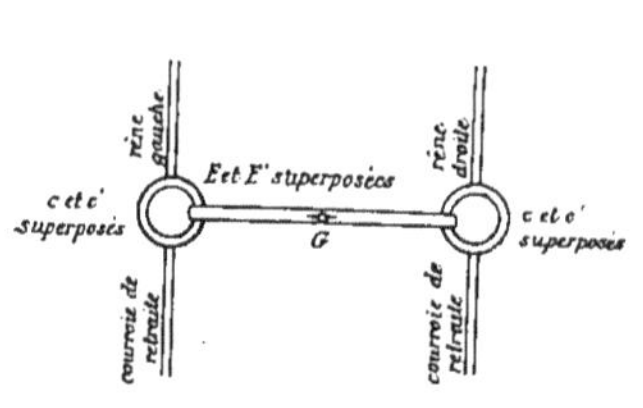

Fig. 4. — Disposition I (projection horizontale du dessus d'encolure).

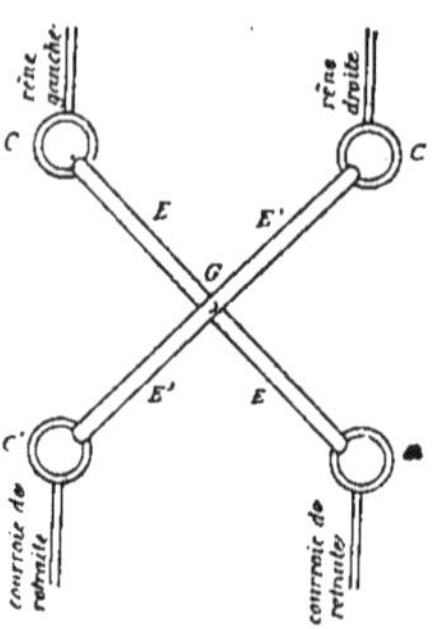

Fig. 5. — Disposition II (projection horizontale du dessus d'encolure).

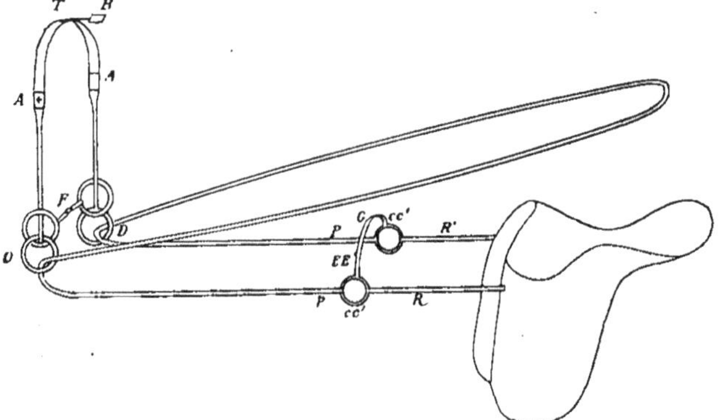

Fig. 6. — Disposition I.

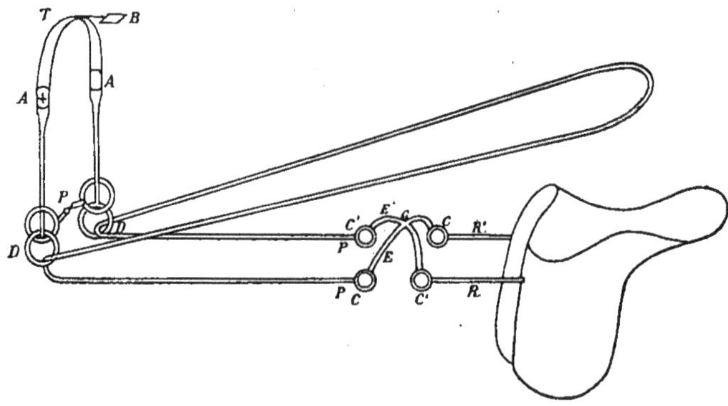

Fig. 7. — Disposition II.

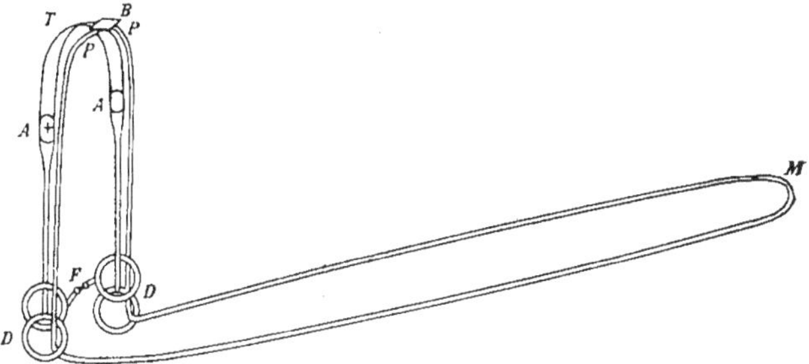

FIG. 8. — Disposition III.

Les montants traversent de dehors en dedans les anneaux correspondants du filet (1). Ceux-ci viennent donc reposer sur les anneaux cousus D.

Les rênes ont chacune une longueur d'environ 2 mètres (2).

Elles sont réunies par une couture M et terminées à l'extrémité libre par un porte-mors P soit à boucle, soit à bouton.

Chaque rêne passe de dehors en dedans dans l'anneau correspondant du montant, de manière que sa partie interne (côté chair) soit en contact avec cet anneau. Le porte-mors de chaque rêne se fixe, suivant le cas, soit au-dessus d'encolure, soit au dé carré de têtière, comme il est indiqué plus loin.

Le dessus d'encolure se compose de deux pièces de cuir E E', semblables comme forme et comme dimensions, de la largeur d'une rêne, terminées à chacune de leurs extrémités par des anneaux enchapés *c*, *c*, *c'*, *c'*, de 0^m,029 de diamètre. Leur longueur développée, de pli à pli, est de 0^m,34 pour la pièce E et de 0^m,355 pour la pièce E' (3).

La pièce E porte en son milieu un bouton G (fixé comme une bouton de têtière de bride de troupe). L'autre, E', porte à la même place une boutonnière.

---

(1) Si les montants ne sont pas placés de cette manière, les anneaux du mors de filet peuvent comprimer latéralement la bouche et occasionner au cheval une gêne ou même une blessure.

(2) Pour confectionner une paire de rênes d'enrênement en utilisant les parties bonnes de harnachements hors de service, il suffit d'intercaler une longueur de rêne entre deux rênes de bride (3×1^m,40=4^m,20).

(3) Cette différence de longueur est nécessaire pour que les anneaux puissent se superposer exactement lorsqu'il en est besoin.

Lorsque le bouton de la pièce E est engagé dans la boutonnière de la pièce E', ces deux pièces peuvent être soit superposées (fig. 4), soit mises en croix (fig. 5).

Les courroies de retraite sont semblables comme forme aux pièces de ce nom qui existent dans les colliers de chasse. La longueur *développée* de chacune d'elles, de la boucle à l'extrémité libre, est de $0^m,43$ (dont $0^m,075$ de distance entre l'extrémité libre et le premier trou).

Les courroies de retraite R R' se fixent d'une part à la selle aux dés dits « de martingale » (1) ou aux dés de longe-poitrail (selle de troupe) et d'autre part au dessus d'encolure.

Manière de monter l'enrênement de dressage.

L'enrênement de dressage peut se monter de trois manières différentes :

Disposition I (fig. 4 et 6). — Les deux pièces E et E' du dessus d'encolure sont superposées. Chaque courroie de retraite embrasse de chaque côté les deux anneaux.

Disposition II (fig. 5 et 7). — Les deux pièces E et E' du dessus d'encolure sont mises en croix. Chaque courroie de retraite embrasse l'anneau postérieur correspondant du dessus d'encolure, tandis que chaque porte-mors de rêne embrasse l'anneau antérieur du même côté.

Disposition III (fig. 8). — Il n'est fait usage ni du dessus d'encolure ni des courroies de retraite. Chaque porte-mors de rêne est fixé au dé carré de têtière.

La manière dont les rênes doivent être passées dans les anneaux des montants, suivant qu'il est fait usage soit des dispositions I ou II, soit de la disposition III, est indiquée par les figures 6, 7 et 8.

Ajustage de l'enrênement.

Pour que l'enrênement de dressage produise tout

---

(1) Il est indispensable que ces dés soient fixés à la selle au moyen d'enchapures enfilées dans les pointes d'arçon, de manière que ces dés soient placés un peu bas. La longueur indiquée pour les courroies de retraite est celle qui convient pour une selle d'officier ou une selle anglaise. Avec la selle de troupe, ces courroies peuvent être sensiblement plus courtes.

son effet, il ne faut pas craindre d'emboucher le cheval un peu haut. Il n'y a aucun inconvénient à ce que le mors de filet plisse un peu la commissure des lèvres.

En règle générale, tenir les montants courts.

Lorsqu'on emploie la disposition I, donner le plus de longueur possible aux courroies de retraite, de manière à ne pas raccourcir les rênes.

Lorsqu'on emploie la disposition II, raccourcir au contraire les courroies de retraite. Les deux pièces E E' du dessus d'encolure doivent se croiser immédiatement en avant du sommet du garrot. La longueur des courroies de retraite doit être telle que, le cheval au repos et le dessus d'encolure placé comme il vient d'être indiqué, elles laissent au dessus d'encolure un jeu d'un centimètre environ. Il est tout à fait inutile de tendre davantage les courroies de retraite; le dessus d'encolure est ainsi très suffisamment fixé et ne se déplace pas.

Mode d'action de l'enrénement (1).

Les montants traversant les anneaux du filet ont pour effet que ce mors agit comme un gag (2).

Les rênes, en traversant les anneaux des montants, forment avec chacun d'eux une poulie mobile dont le point fixe est soit à la selle (disposition I), soit en avant du garrot (disposition II), soit à la nuque (disposition III).

On sait que, dans la poulie mobile, la force à employer par rapport à la résistance à vaincre est d'autant plus faible que les deux brins du cordon sont plus rapprochés de la position parallèle.

Si les deux brins sont parallèles, la force à employer est la moitié de la résistance à vaincre.

On sait, d'autre part, que l'action de la poulie s'exerce, sur l'objet auquel elle est appliquée, dans la direction de la bissectrice de l'angle formé par les deux brins du cordon.

En d'autres termes, l'enrénement agit en appliquant à un gag le travail d'une poulie mobile, travail qui varie comme intensité suivant l'angle formé par

---

(1) Voir l'appendice, pour plus de détails.
(2) Cette disposition est empruntée à la bride du lieutenant de L... Si l'on adapte des rênes ordinaires aux anneaux cousus D, on obtient exactement le gag, fait avec un filet au lieu d'utiliser un mors spécial.

chaque rêne à son passage sur l'anneau de montant correspondant et comme direction suivant celle de la bissectrice de ce même angle.

Disposition à employer suivant les résistances.

Il résulte de ce qui précède que :

1º Si la principale résistance est à la base de l'encolure et a pour effet de placer le cheval trop haut dans son avant-main, il faut employer la disposition I. Le cheval est forcément baissé, l'action des montants prévenant cependant tout danger d'encapuchonnement.

2º Si la principale résistance est soit dans la mâchoire, soit dans la partie antérieure de l'encolure, il faut employer la disposition II.

3º Si la principale résistance est à la base de l'encolure et a pour effet de placer le cheval trop bas dans son avant-main, il faut employer la disposition III.

4º Dans chaque cas, les rênes ayant chacune un point de départ *indépendant*, le cavalier peut lutter en toute facilité soit contre une résistance dans le plan médian, soit contre une *résistance latérale*.

Nota. — L'enrênement de dressage s'adapte soit à une bride réglementaire, soit à une bride anglaise dont on a supprimé le montant de filet.

Il s'emploie donc concurremment soit à un mors de bride, soit à un deuxième mors de filet (1).

On obtient instantanément, à l'aide de l'enrênement de dressage, la décontraction et, par suite, la flexion, soit sur une rêne de filet isolée, soit sur les deux rênes à la fois.

Pour obtenir les flexions sur le mors de bride, il suffit d'associer, pendant quelque temps, l'action d'une rêne de bride à celle du filet du côté opposé.

---

(1) Il faut évidemment que les rênes de bride ou celles du deuxième filet passent à l'extérieur des parties de rênes d'enrênement qui viennent se fixer au dessus d'encolure.

CHAPITRE IV

PROGRESSION DU DRESSAGE

La recherche constante de la légèreté dans le mouvement en avant, l'impulsion d'abord, l'équilibre ensuite, indique la progression à suivre dans le dressage lorsqu'on dispose comme *outil* de l'enrênement décrit ci-dessus.

L'impulsion est plus facile à conserver aux allures vives qu'au pas.

L'équilibre est plus aisé à obtenir au trot qu'au galop. *La décontraction de l'avant-main*, première condition de l'équilibre, s'obtient plus rapidement sur le cercle que sur la ligne droite. En effet, dans le travail en cercle, le jarret intérieur se trouve légèrement engagé. Les contractions de l'arrière-main de ce côté sont, par suite, diminuées. L'avant-main oppose donc moins de résistance du côté intérieur et il est plus facile d'obtenir la flexion de ce côté. Enfin, le cheval se fatigue d'autant moins, toutes choses égales d'ailleurs, qu'il n'a pas à supporter le poids du cavalier; le cavalier se sert de ses rênes avec d'autant plus de précision qu'il n'a pas à subir les réactions du cheval.

Nous commencerons en conséquence le dressage par un travail au cercle, au trot, le cheval non monté.

Ceci nous amène à agencer sur le mors une longe placée de telle manière qu'elle produise le même effet que les rênes d'un cavalier à cheval.

Travail à cheval avec l'enrênement de dressage.
Disposition I. — Les rênes de bride ont été laissées flottantes.

Travail à la longe sur les mors. Disposition I.

Travail à cheval avec l'enrênement de dressage.
Disposition II. — Les rênes de bride ont été laissées flottantes.

Travail à la longe sur les mors. Disposition II.

Travail à cheval avec l'enrênement de dressage.
Disposition III. — Les rênes de bride ont été laissées flottantes.

Travail à la longe sur les mors. Disposition III.

Travail à la longe sur les mors.

a) **Manière de placer la longe.**

Le cheval est sellé, bridé et muni de l'enrênement de dressage.

Les rênes de bride et celles de l'enrênement sont enlevées. Le cavalier utilise comme longe la longe de dressage débarrassée de ses deux anneaux mobiles. Une simple corde à fourrages souple peut également être employée.

Pour ce travail, les deux pièces du dessus d'encolure sont mises en croix pour les dispositions I et II; elles sont superposées pour la disposition III.

Si l'on doit employer les dispositions II et IV ci-dessous, un anneau est passé dans la sous-gorge.

MONTER LA LONGE SUR LE FILET

1° *Pour le travail à main gauche.*

Disposition I : Passer dans l'anneau cousu D, qui termine le montant droit, l'extrémité de la longe munie de la poulie; passer l'autre extrémité dans la poulie et tirer la longe jusqu'au bout. La longe est ainsi fixée par un nœud coulant (1). Passer ensuite l'extrémité libre de la longe successivement dans les anneaux 1 et 2 du dessus d'encolure, dans l'anneau cousu qui termine le montant gauche et enfin dans l'anneau 3 du dessus d'encolure (fig. 9).

Disposition II : Comme ci-dessus; mais, après avoir passé la longe dans l'anneau qui termine le montant gauche, la passer dans l'anneau adapté pour la circonstance à la sous-gorge (fig. 10).

Disposition III : Fixer la longe à l'anneau du montant droit, la passer sur la nuque, l'engager dans l'anneau du montant gauche et enfin dans les anneaux 2 et 3 du dessus d'encolure superposé (fig. 11).

En agissant dans ces trois cas sur l'extrémité libre de la longe, on produit des actions sensiblement ana-

---

(1) On obtient le même résultat en adaptant à la poulie un petit boucleteau double. Ce boucleteau est très commode si l'on veut modifier l'agencement de la longe au cours du travail.

logues à celles de la rêne gauche de l'enrênement de dressage dans la disposition correspondante.

Disposition IV : Cette disposition sert pour le dressage sur l'obstacle. La longe est montée comme dans la disposition III, mais directement sur le mors de filet, et passe dans l'anneau de sous-gorge après avoir traversé l'anneau qui termine le montant gauche.

Dans ce cas, le dessus d'encolure n'est pas utilisé.

2° *Pour le travail à main droite.*

La longe est montée d'une manière identique, mais inverse, pour le travail à main droite.

MONTER LA LONGE SUR LA BRIDE

La longe se monte sur la bride soit à main droite, soit à main gauche, de la même manière que sur le filet en appliquant aux anneaux porte-rênes du mors de bride ce qui a été dit plus haut pour les anneaux cousus des montants (dispositions I, II et III).

MONTER LA LONGE SUR LA BRIDE ET LE FILET

Les dispositions I, II et III peuvent également être réalisées en montant la longe d'un côté sur le filet et de l'autre sur la bride. Comme on se propose ainsi de flexionner le cheval sur la bride, il est évident qu'il faut monter la longe sur le filet du côté extérieur et sur la bride du côté intérieur.

b) Assouplissements de l'avant-main.

TRAVAIL AU TROT

Le cavalier, tenant l'extrémité libre de la longe dans la main gauche et la chambrière dans la main droite, met le cheval en cercle à gauche et au trot. Avec la chambrière, il produit de l'impulsion, la longe modérément tendue.

Lorsque le cheval est bien franchement dans le mouvement en avant, prendre la longe en avant de la main gauche entre le pouce et les deux premiers doigts de la main droite et *serrer les doigts.*

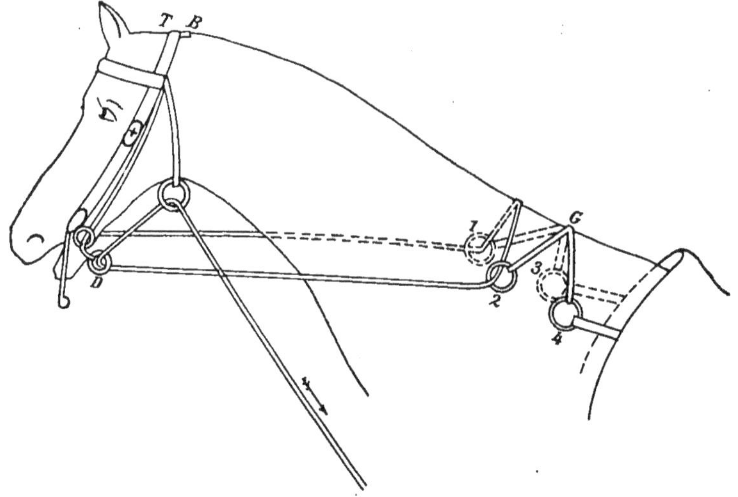

FIG. 10. — Travail à main gauche sur le filet (disposition II,
projection verticale).

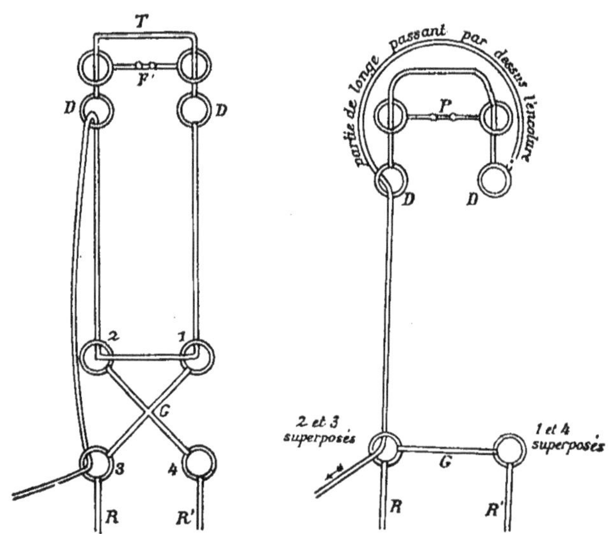

FIG. 9. — Travail à main gauche
sur le filet (disposition I, projection
horizontale).

FIG. 11. — Travail à main gauche
sur le filet (disposition III).

De trois choses l'une :

Ou bien le cheval cède en donnant une flexion directe de la mâchoire et de l'encolure sur la rêne gauche *sans ralentir en rien l'allure.* Alors le résultat cherché est obtenu : ouvrir aussitôt les doigts.

Ou bien le cheval ralentit, soit en cédant, soit sans céder ; c'est mauvais. Il faut cesser l'action de la main, pousser vigoureusement avec la chambrière et ne redemander la flexion que lorsque le cheval sera, de nouveau, très franchement dans le mouvement en avant.

Ou bien enfin le cheval ne ralentit pas, mais ne cède pas non plus ou même se contracte. Dans ce cas, il faut provoquer la cession par des actions intermittentes et légères des doigts.

A main droite, la longe et la chambrière se tiennent d'une manière identique, mais inverse.

Dans tout ce travail, l'impulsion n'est jamais trop grande.

Le travail à la longe sur les mors, avec un cheval qui n'a pas beaucoup d'impulsion, ne donne que des résultats nuls ou négatifs.

Cela se conçoit. Au contraire, avec les chevaux chauds, on obtient immédiatement l'assouplissement par la décontraction de la mâchoire et de l'encolure.

Quant aux chevaux froids, il ne faut pas craindre de les réveiller à l'aide de la chambrière.

Si même il s'agit d'un cheval qui se retient, il faut, avant toute chose, lui apprendre simplement à tourner en cercle autour de l'instructeur. Employer à cet effet la disposition IV pour n'avoir aucun effet d'avant en arrière. Puis donner au cheval une telle crainte de la chambrière qu'à la simple vue de cet objet, il parte instinctivement au galop, même à un galop désordonné. Rien n'est plus facile que de revenir ensuite au calme. Il faut également apporter la plus grande attention à la manière d'agir sur la longe. Celle-ci doit être à peine tendue. A plus forte raison faut-il se garder de tirer dessus. Il est essentiel de procéder par actions *intermittentes et légères des doigts;* céder aussitôt que le cheval cède, rendre et reprendre ensuite. Une traction continue amènerait des contractions, le cheval se braquerait.

On remarquera que la longe ne produit nullement une action latérale analogue à celle du caveçon : il n'y a donc aucun risque de casser l'encolure; le cheval reste constamment *droit sur le cercle.*

La seule difficulté de ce travail — elle serait, du

reste, résolue par l'officier chargé du dressage — consiste à trouver : 1° la flexion sur laquelle il convient d'insister en raison de la principale résistance présentée par le cheval; 2° la disposition d'enrênement qui convient à chaque cheval. On sait que les résistances de la mâchoire sont aisément surmontées par les effets croisés (bride d'un côté, filet de l'autre). On sait, d'autre part, que le filet est un releveur et la bride un abaisseur. Il faut tenir compte de ces considérations pour déterminer à première vue le genre de flexion à pratiquer, quitte à procéder ensuite par tâtonnements et à essayer les différentes dispositions indiquées ci-dessus jusqu'à ce qu'on ait obtenu un résultat.

Pour toutes les flexions, il faut, avant de mettre le cheval en marche, tendre doucement la partie de longe qui se trouve du côté extérieur et ajuster ensuite celle qui se trouve à l'intérieur. Le degré de tension donné ne doit pas être suffisant pour produire le reculer et encore moins l'acculement.

Il faut aussi, pendant toute la durée du travail, veiller à desserrer la longe chaque fois que c'est nécessaire.

Le travail à la longe sur les mors apprend au cheval qu'à la sollicitation des rênes, il ne doit en aucun cas ralentir l'allure, mais céder de la mâchoire et de l'encolure.

Le ralentissement et l'arrêt, lorsqu'ils sont, à cheval, produits par la traction sur les rênes, sont le résultat d'un écrasement de l'arrière-main sur lequel le cavalier fait refluer tout le poids de l'avant-main : c'est absolument mauvais. Si le ralentissement et l'arrêt obtenus dans ces conditions ne sont pas demandés très progressivement, le cheval est promptement ruiné dans ses membres.

Le ralentissement et l'arrêt doivent se demander à cheval en poussant d'abord l'arrière-main sous la masse et en agissant seulement ensuite sur les rênes. Le cheval reste ainsi constamment équilibré et dans le mouvement en avant.

Mais, pour que cela puisse se faire, il faut que les contractions de l'avant-main ne s'opposent pas à l'engagement de l'arrière-main.

Tel est précisément le but que nous nous proposons d'atteindre par le travail à la longe sur les mors.

Les flexions demandées et obtenues d'abord au **trot** le sont ensuite au pas, puis au galop.

c) **Assouplissement d'ensemble.**

Une fois la mâchoire et l'encolure assouplies aux trois allures, le cheval est souple d'avant en arrière. Il faut maintenant l'assouplir d'arrière en avant.

A cet effet, le cheval étant léger et bien décontracté, la main qui tient la longe (gauche dans le travail à main gauche, droite dans le travail à main droite) se soutient, tandis que la chambrière donne un surcroît d'action dont la main s'empare immédiatement.

Si le cheval est au trot, on le voit très rapidement engager son arrière-main, grandir ses actions et stepper dans un trot brillant et soutenu.

Si le cheval est au galop, l'engagement de l'arrièremain amène, au bout de quelques tours de piste, le galop ralenti, cadencé et équilibré.

Le travail à la longe sur les mors ne donne pas à un spectateur l'impression de rapidité que produit le travail d'assujettissement décrit précédemment. Il ne faut pas oublier que le travail à la longe sur les mors n'est autre chose qu'un procédé simple pour équilibrer un cheval. Si la soumission peut être obtenue instantanément, l'équilibre ne saurait venir aussi vite. Il faut des mois pour équilibrer un cheval avec les méthodes classiques. Ce n'est donc pas se montrer trop exigeant que de demander quelques jours avec un procédé dont le principal avantage est d'être à la portée des hommes de troupe.

Je termine l'exposé du travail à la longe par une recommandation : n'employer qu'une longe extrêmement légère, sans cela le poids de la longe agit sur les mors indépendamment de la volonté du dresseur et équivaut à une traction continue. Ce qu'il y a de mieux est la longe en corde de coton.

Mais la vulgaire corde à fourrages, à condition de la choisir souple, convient parfaitement. L'instrument a au moins le mérite d'être simple, peu coûteux et facile à trouver. En aucun cas, n'employer une longe de caveçon : c'est infiniment trop lourd.

Travail à cheval avec l'enrênement de dressage.

Le cheval étant muni de l'enrênement de dressage, le travail à cheval s'exécute de la manière suivante :

a) Travail sur la ligne droite au trot et au pas.

Le cavalier prend le trot, le cheval absolument droit. La meilleure manière d'exécuter le travail consiste à aller dehors, sur un bas-côté de route, sur un terrain de manœuvres, partout en un mot où l'on peut marcher longtemps sur la ligne droite.

Le cheval étant bien franchement dans l'impulsion, dans le mouvement en avant, le cavalier sollicite la flexion sur une rêne de filet, sur les deux rênes de filet, sur une rêne de filet et une rêne de bride, sur les deux rênes de bride.

Tout ce travail se fait en se conformant aux indications déjà données à propos du travail à la longe sur les mors :

Les jambes remplacent la chambrière pour donner l'impulsion, les rênes en lieu et place de la longe.

La manière d'agir du cavalier n'est, somme toute, qu'une application du précepte de Baucher (2ᵉ système) : « mains sans jambes, jambes sans mains ».

Cette manière de faire est plus facile à s'assimiler que les procédés classiques ; car, si l'on recherche l'équilibre par l'emploi simultané de la main et des jambes, le cavalier ne peut, à moins d'être doué de beaucoup de tact, sentir si les jambes ne sont pas opposées à la juste translation de poids opérée par la main et réciproquement.

La première chose à faire est de mettre le cheval franchement dans le mouvement en avant à l'aide des jambes. Une fois l'impulsion obtenue, les jambes n'ont plus rien à faire et ne devront intervenir que si le cheval diminue son perçant.

Cette diminution, caractérisée par un ralentissement d'allure, ne doit jamais se produire lorsque le cavalier sollicite une flexion en agissant sur une ou plusieurs rênes. Si le cheval ralentit sur une demande de flexion, il faut aussitôt surseoir à cette demande, pousser vigoureusement dans les jambes, au besoin avec l'éperon, et ne recommencer à demander la flexion qu'une fois l'impulsion retrouvée.

Ces demandes de flexions ne doivent jamais être

faites en tirant sur les rênes. De même qu'au travail à la longe sur les mors, il faut provoquer la décontraction par des actions intermittentes et très légères des doigts sur les rênes. Moins le cavalier mettra de force dans ses actions, plus il obtiendra de légèreté chez le cheval. Il faut surtout se hâter de desserrer les doigts dès que le cheval cède et bien se garder de se contracter soi-même sous prétexte de donner au cheval un point d'appui.

Tant que le cheval, très franchement engagé dans le mouvement en avant, reste néanmoins léger, mâche ses mors et tend ses rênes juste assez pour que le cavalier ne ressente guère dans la main que le poids de celles-ci, ce qui est le résultat vers lequel on doit tendre, la main doit demeurer absolument morte, les doigts à moitié ouverts; si le cheval manifeste la moindre contraction, aussitôt les doigts entrent en jeu, très moelleusement, mais cessent leur action aussitôt qu'elle n'est plus nécessaire.

De même que dans le travail à la longe sur les mors, l'impulsion, une fois le cheval monté, n'est jamais trop grande.

L'enrênement de dressage donne immédiatement des résultats avec les chevaux chauds. Quant aux chevaux froids, il faut, avant tout, les mettre dans le mouvement en avant, *même désordonné*, en insistant sur la leçon des jambes et sur celle de l'éperon.

Fréquemment, enfin, le cavalier doit, après avoir sollicité une flexion, faire suivre la cession des doigts d'une action moelleuse des deux jambes. Le cheval étend son encolure tout en la maintenant dans le plan médian.

Tout ce travail ne présente aucune difficulté si le cheval y a été préparé par le travail à la longe sur les mors.

Les flexions obtenues au trot le sont ensuite au pas, toujours sans ralentissement, le cheval constamment dans l'impulsion et droit.

b) **Travail sur le cercle au trot et au pas.**

Ce travail n'est autre chose que la répétition, sur le cercle, *sur un grand cercle*, du travail fait sur la ligne droite. Le cheval doit rester droit sur le cercle : il fait, monté, ce qu'il a fait précédemment à la longe.

***c*) Assouplissement d'arrière en avant sur la ligne droite
au trot et au pas.**

Le cheval marchant au trot et dans l'impulsion, le
cavalier provoque la légèreté complète sur la main,
puis il donne avec les jambes un surcroît d'impulsion
dont la main s'empare aussitôt. Cette action de main
doit être moëlleuse, l'augmentation d'impulsion ne
doit diminuer en rien la légèreté. La mâchoire et
l'encolure décontractées, l'engagement de l'arrière-
main se produira sans difficulté et le cheval trottera
cadencé.

On obtient de la même manière le pas cadencé.
Alors on peut commencer à exercer le cheval aux
départs au galop.

***d*) Travail au galop sur la ligne droite, puis sur le cercle.**

Le cheval a déjà acquis une première notion de
l'allure du galop réglé par le travail à la longe sur
les mors.

La leçon du départ au galop lui est donnée à l'extérieur sur la ligne droite, le cheval restant constamment droit.

On demande d'abord le départ au galop en partant
du trot cadencé. On facilite singulièrement la leçon
en utilisant ce fait d'expérience que le cheval a presque toujours un diagonal sur lequel il préfère être
trotté et un pied sur lequel il préfère galoper.

Ceci est surtout vrai pour les chevaux qui ont déjà
été montés dans le rang.

Il est essentiel de se rendre compte, pour chaque
cheval, de la correspondance entre le diagonal de
prédilection au trot et le pied de prédilection au
galop.

Prenons le cas : diagonal droit concordant avec
pied droit.

Pour obtenir le départ au galop à droite, le cavalier se met au trot enlevé sur le diagonal droit et
cadence l'allure.

Lorsqu'il sent le cheval bien équilibré dans le mouvement en avant, il augmente l'impulsion par une
action simultanée des deux jambes. Au moment où
le cheval cède à cette impulsion, le cavalier porte les
mains légèrement en arrière et à gauche : le cheval
part au galop à droite.

Pour partir au galop à gauche, mêmes procédés,

mais moyens inverses. Si l'on a affaire à un cheval chez lequel la correspondance existe entre le trot sur le diagonal gauche et le galop sur le pied droit, il faut, pour demander le départ au galop à droite, se mettre au trot sur le diagonal gauche et réciproquement.

Une fois le départ au galop obtenu, le cavalier laisse le cheval bien s'embarquer dans une allure franche et coulante; puis, toujours sur la ligne droite, il demande, au galop, les flexions d'abord, l'engagement de l'arrière-main ensuite, c'est-à-dire la cadence par les procédés qui ont été indiqués pour le travail au pas et au trot.

Le départ au galop est ensuite demandé en partant du pas cadencé : mêmes moyens que pour déterminer le départ étant au trot.

Enfin, le cheval galopant calme et cadencé est mis au travail en cercle aux deux mains.

e) Appuyer, reculer.

Lorsque tout ce qui précède a été exécuté (1), le cheval est prêt à être monté à l'extérieur isolément. Il a constamment travaillé *droit et sur l'équilibre dans le mouvement en avant.*

Son encolure a pris de la fermeté à la base, de la souplesse à la partie antérieure; son impulsion s'est affirmée. Alors, mais alors seulement, on peut sans inconvénient aborder deux mouvements utiles, quoique secondaires pour le dressage du cheval de troupe : l'appuyer et le reculer.

Je n'ai rien de particulier à dire sur ces deux mouvements, si ce n'est qu'ils s'obtiennent avec la plus extrême facilité lorsque le cheval a été équilibré dans le mouvement en avant et qu'on les demande sur l'équilibre.

Cela est facile à concevoir, car l'obéissance à l'action isolée d'une jambe comme aussi le reculer ne sont que des ruptures d'équilibre dans un sens déterminé par une action mécanique. Cette rupture d'équilibre s'obtient sans peine si le cheval est équilibré.

J'ai terminé l'exposé du dressage du cheval de troupe.

Les procédés que j'ai indiqués offrent l'avantage

---

(1) J'ai passé sous silence le passage à l'obstacle, qui trouve naturellement sa place dans toutes les progressions et pendant toute la durée du dressage.

de travailler dès le début du dressage le cheval léger, droit et dans l'impulsion. Par conséquent, ils donnent très rapidement des chevaux perçants et maniables : *la limite inférieure de la durée du dressage n'est autre que le temps voulu pour donner au cheval un degré d'entraînement suffisant.*

L'enrênement de dressage ayant pour effet non de contraindre, mais d'assouplir, les résultats obtenus sous le rapport de l'assouplissement restent acquis lorsque le cheval est ensuite monté avec une bride ordinaire.

Toutefois, avec certains chevaux présentant des résistances particulières, il sera bon de maintenir l'emploi de l'enrênement de dressage. Ce sera, en particulier, le cas avec les chevaux chauds ou avec ceux qui prennent comme *défense* une énergique contraction de la mâchoire et de l'encolure, à la faveur de laquelle ils cherchent à emmener leur cavalier.

Ceci m'amène à dire quelques mots du dressage des chevaux rétifs ou difficiles.

CHAPITRE V

LES CHEVAUX RÉTIFS OU DIFFICILES

Lorsqu'on veut reprendre le dressage d'un cheval rétif ou difficile, il faut, avant tout, se rendre compte de la nature des résistances : on dresse un cheval au moins autant avec la réflexion qu'avec les aides.

Les résistances éprouvées sont ou bien physiques ou bien morales. Ces dernières sont la caractéristique de la rétivité invétérée. Quelquefois, souvent même, la résistance morale se double d'une résistance physique.

Lorsqu'on s'est bien rendu compte de la résistance qu'il s'agit de vaincre, il n'y a plus qu'à procéder avec méthode pour obtenir avec certitude le résultat cherché.

Les résistances morales se combattent avec la longe de dressage, les résistances physiques avec l'enrênement de dressage, ou le travail à la longe sur les mors; la combinaison des résistances physiques et morales se combat à l'aide d'enrênements particuliers de la longe de dressage employée au besoin à cheval.

Cheval qui refuse de sortir du rang.

Ceci posé, je vais raisonner sur un cas concret et prendre comme exemple le cheval qui rétive pour sortir du rang.

Je précise la situation : le cheval obéit bien aux jambes en temps ordinaire, mais, lorsqu'on veut lui faire quitter le rang, il refuse de se porter en avant et se défend sur place (ruade, cabrers ou sauts de mouton, peu importe). Le cheval n'a eu, je le suppose, aucune leçon à la longe de dressage.

J'ai connu des cavaliers qui, ayant entendu parler des résultats qu'on peut obtenir avec la « longe Barnum » dans le dressage des chevaux rétifs, s'étaient imaginés que, pour empêcher un cheval de rétiver,

il suffisait de lui adapter la longe et de tirer dessus.
Ce serait vraiment trop commode si les choses se
passaient ainsi. Il n'en est d'ailleurs rien. Mettre la
longe de dressage à un cheval rétif, monter dessus et
tirer sur la longe sans autre préparation peut-être,
à l'occasion, un genre de suicide comme un autre :
on risque en tout cas de se tuer soi-même, de tuer le
cheval ou d'avoir un accident grave pour peu que le
cheval fasse un « coup de désespoir », se renverse ou
se roule par terre.

Lorsqu'on veut dresser un cheval rétif en utilisant
l'instrument merveilleux qu'est la longe de dressage
quand on sait s'en servir, il faut, avant toute chose,
prendre le dressage par le commencement et raisonner un peu.

Dans le cas qui nous occupe, le cheval oppose une
résistance morale. Il refuse d'obéir aux jambes *lorsqu'il ne lui plaît pas d'obéir*. Il faut donc lui persuader qu'en toutes circonstances il sera obligé de se
porter en avant quand le cavalier voudra, même si
cela ne lui convient pas.

Donc, premier travail d'assujettissement, leçon du
mouvement en avant donnée comme je l'ai indiqué :
obliger le cheval à suivre son dresseur lorsque celui-ci
se met en marche et surtout s'il exerce la moindre
traction sur la longe.

Au bout de quelques minutes, on doit obtenir ce
résultat que le cheval, non monté, muni de la longe,
mais celle-ci non tenue, le cheval en liberté par conséquent, suive son dresseur dans toutes les directions,
traverse sans hésitation un rang de chevaux arrêtés,
puis que, arrêté dans les mêmes conditions au milieu
d'un rang de chevaux, il se mette en marche, également sans hésitation, lorsque le dresseur reprend le
mouvement.

Cela fait, la réflexion nous indique encore la suite
de la progression à employer.

Le cheval, quand il rétive, se défend : autre résistance *morale*. Il faut donc lui persuader que ses défenses ne le mèneront à rien, qu'il sera arrêté net au
milieu des plus violentes et mis dans l'impossibilité
de continuer.

Pour cela, il faut provoquer des défenses pour se
donner l'occasion de les réprimer.

Un moyen que j'emploie constamment parce que
tout officier de cavalerie a l'instrument à portée de
sa main est le suivant : je prends une chambrière et
je me précipite au-devant du cheval en la faisant

claquer vigoureusement, en la faisant siffler par d'énergiques moulinets. Le cheval cherche immédiatement à se sauver, l'instinct de la conservation le porte à se défendre : il utilise à cet effet ses défenses habituelles.

Je l'arrête en résistant sur la longe et je commence ma leçon d'après la progression que j'ai déjà indiquée dans la deuxième partie de ce travail.

C'est-à-dire, 1^{oe} série : je serre la longe à fond et regardant *sans colère, mais avec volonté*, le cheval dans le blanc des yeux, je fais à nouveau siffler la chambrière. Le cheval ne peut pas bouger, il est obligé de tolérer mes mouvements, bien qu'ils lui soient parfaitement désagréables. En même temps que j'agite la chambrière, je rends de la longe : au bout d'une minute ou deux, la lanière de la chambrière passe à quelques millimètres des oreilles du cheval, tournoie au-dessus de sa tête en faisant tout le vacarme imaginable, le cheval ne bronche pas.

Alors, 2e série : je laisse la longe lâche et je fais siffler la chambrière. Au moindre mouvement et surtout à la moindre défenso, je serre la longe à fond.

Quelques minutes suffisent pour que le cheval, *mâté*, tolère les mouvements de la chambrière en restant dans la plus complète immobilité.

J'ai dit qu'il fallait regarder le cheval avec volonté, mais sans colère. C'est une recommandation essentielle : la moindre expression de colère dans le regard gâterait tout.

Au lieu d'une chambrière, on pourrait employer tout autre objet éveillant chez le cheval l'instinct de la conservation et provoquant par suite ses défenses : coups de revolver tirés autour des oreilles, ombrelle, tambour battu sur la tête, etc., etc., l'objet ne fait rien à la chose. Le but à atteindre est de montrer au cheval qu'on est plus fort que lui, *qu'on est son maître*.

Ce but est atteint tout de suite. Alors, sans perdre de temps, on exploite l'ascendant moral acquis.

On fait monter un cavalier sur le cheval : il n'y a plus rien à craindre, le cheval est dompté, il ne fera pas le coup de désespoir.

Le dresseur tenant la longe se place devant le cheval, qui est lui-même au milieu d'un rang de chevaux, c'est-à-dire dans les circonstaces où il a l'habitude de rétiver.

Le dresseur donne un avertissement au cheval en serrant la longe. Le cavalier ferme les jambes : le cheval se porte en avant sans même 'songer à se défendre. La longe est aussitôt détendue. Répétition du même mouvement sans avertissement préalable.

Ensuite, le dresseur remet la longe au cavalier. Celui-ci « avertit », ferme les jambes et rend dès que le cheval marche. Puis il revient au rang, n'avertit plus et le cheval obéit sur la seule sollicitation des jambes.

Tout cela doit être fait en une seule et même séance : il faut moins de temps pour réussir qu'il n'en faut pour raconter.

Du premier coup, nous avons appris au cheval une leçon qu'il nous a récitée sans faute.

Nous la lui ferons répéter quelques jours de suite et il ne rétivera *plus, même la longe enlevée.*

Faux pli d'encolure et résistances physiques diverses.

J'envisage maintenant un autre cas, celui d'une résistance physique. Il est évident que, si le cheval est contracté dans une de ses parties, comme ces contractions, d'où qu'elles proviennent, se répercutent dans la mâchoire et l'encolure, le travail à la longe sur les mors, puis l'enrênement de dressage, auront pour effet de faire disparaître les contractions.

Une résistance qui se rencontre fréquemment parmi les chevaux qui ont déjà travaillé dans le rang est le faux pli d'encolure. Dans le cas le plus général, ce faux pli est pris à droite : c'est donc le côté gauche qu'il faut assouplir.

On fait rapidement disparaître le faux pli d'encolure à droite en mettant le cheval à la longe en cercle à gauche avec la disposition suivante :

La longe de dressage est attachée à l'anneau du montant gauche du filet, passe par-dessus l'encolure, revient à gauche pour passer dans l'anneau *gauche* du mors de bride (1) et sort enfin par l'anneau dans lequel est passée la sous-gorge (fig. 12).

La longe peut, au besoin, être maintenue à sa place sur l'encolure par une courroie de paquetage fixée d'autre part à la selle.

Pour combattre un faux pli d'encolure à gauche, même procédé, mais disposition inverse.

---

(1) Cette manière de monter la longe m'a été indiquée par le capitaine C....

Employer ensuite à cheval l'enrênement de dressage.

Cette manière de monter la longe est également à recommander avec les chevaux qui refusent d'engager un jarret et contractent, par suite, la mâchoire de ce côté. Cette résistance se traduit de diverses manières : le cheval refusera, par exemple, de tourner à la longe à la main correspondant au jarret qu'il ne veut pas engager ou, s'il se décide, il portera la tête en dehors du cercle et la croupe en dedans, ou bien encore, le cheval, monté, se livrera à des défenses qui seront toujours précédées d'un déplacement de la croupe à droite si c'est le jarret droit qui ne veut pas s'engager, à gauche dans le cas contraire. Dans ces différents cas, mettre le cheval à la longe à la main correspondant au jarret qui résiste et avec la disposition décrite ci-dessus.

Lorsque, la longe étant indubitablement montée de la manière qui convient à la nature des résistances du cheval, celui-ci persiste à se contracter, on l'amènera bientôt à céder en le travaillant sur un cercle étroit et en chassant légèrement les hanches vers l'extérieur avec la cravache ou la chambrière (engagement mécanique du jarret amenant la cession de la mâchoire du même côté).

Ce moyen, *très délicat à employer*, doit être réservé pour les résistances exceptionnelles. Aussitôt que le cheval a cédé, donner de la longe et recommencer à travailler droit sur le cercle.

Chevaux qui ruent ou qui se cabrent.

Si l'on a affaire à un cheval présentant une combinaison de résistances physiques et de résistances morales, certains enrênements pratiqués à cheval avec la longe de dressage en auront vite raison. Il faut, cela va sans dire, avoir donné au préalable au cheval la leçon de la longe de dressage à pied, pour ne pas risquer un coup de désespoir.

Un cheval, par exemple, a l'habitude de s'arrêter de temps à autre pour rétiver, sans autre cause que de la mauvaise volonté. Sa manifestation de rétivité est la ruade à droite (peu de chevaux ruent droit, la plupart se traversent pour ruer et presque toujours du même côté).

Le cheval est muni de la longe de dressage montée comme il a été indiqué pour le travail d'assujettissement, mais en sens inverse, c'est-à-dire que la poulie A et l'anneau C sont du côté droit. L'extrémité libre de la longe se trouve donc aussi de ce côté. Par-dessus la longe, on met au cheval un simple bridon.

Afin de n'être pas embarrassé par la longe lorsqu'il n'a pas besoin de s'en servir, le cavalier en attache l'extrémité libre au D de droite de longe-poitrail et de la même manière qu'il y attacherait cette dernière longe.

Cela fait, le cavalier part à l'extérieur. Si le cheval s'arrête et rue, le cavalier agit sur la longe en « l'ouvrant » à droite comme il « ouvrait » une rêne.

De cette façon, le cheval est immédiatement privé d'une partie de ses moyens. De plus, l'action de la longe, attirant l'avant-main à droite, paralyse la dé-fense.

Si, au lieu de ruer, le cheval se cabre, la longe, montée comme il vient d'être dit et agissant en ar-rière à droite au moment où le cheval se prépare à exécuter sa défense, produira, indépendamment de la punition, un effet d'opposition qui rejettera les han-ches vers la gauche et, par suite, empêchera le cabrer.

Aussitôt la défense paralysée, en avant dans les deux jambes et cession immédiate de la longe dès que le cheval obéit, ce qui ne tarde pas.

Lorsque le cheval a été corrigé deux ou trois fois de cette manière, il y regarde à deux fois avant de s'exposer à une nouvelle correction. Il suffit alors, dès qu'on le sent « flancher », de lui donner un aver-tissement en agissant très légèrement sur la longe : le cheval se hâte de se porter en avant. L'avertissement cesse aussitôt, puisqu'il a produit son effet.

Chevaux qui s'emportent.

Les chevaux qui s'emportent se livrent à cette in-cartade soit sous l'influence d'une résistance physi-que (manque d'équilibre : trop de poids sur les épau-les), soit sous l'influence d'une résistance à la fois physique et morale.

Dans le premier cas, le travail à la longe sur les mors, puis l'usage de l'enrênement de dressage dé-truiront la cause en donnant l'équilibre, et le cheval perdra très vite sa mauvaise habitude.

Dans le deuxième cas, l'enrênement suivant, prati-qué avec la longe de dressage, réprimera toute vel-léité d'emballade.

Les anneaux mobiles sont placés symétriquement

par rapport au milieu de la longe, chacun d'eux à 5 ou 6 centimètres de ce milieu (fig. 14).

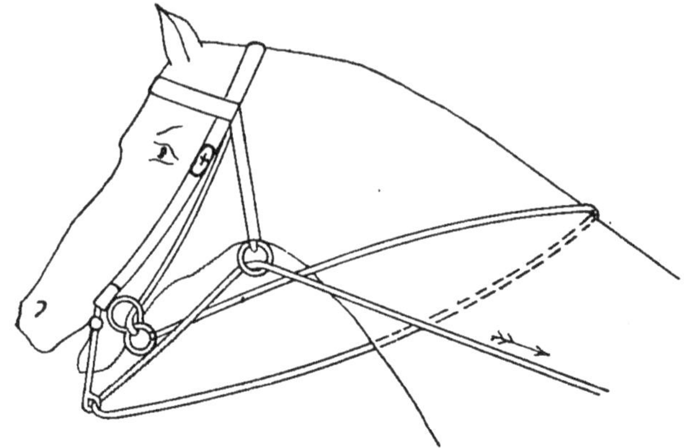

Fig. 12.

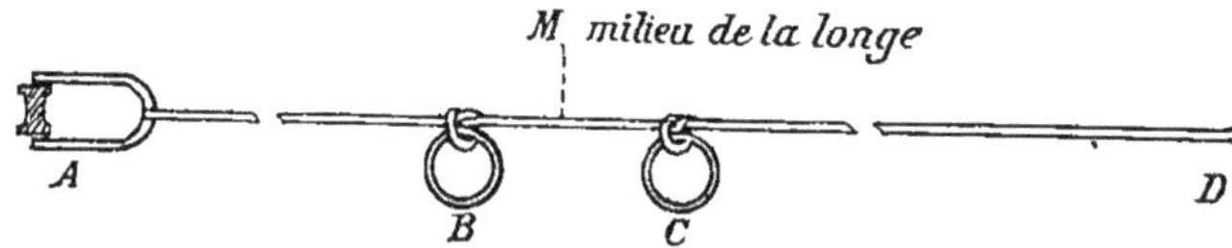

Fig. 13.

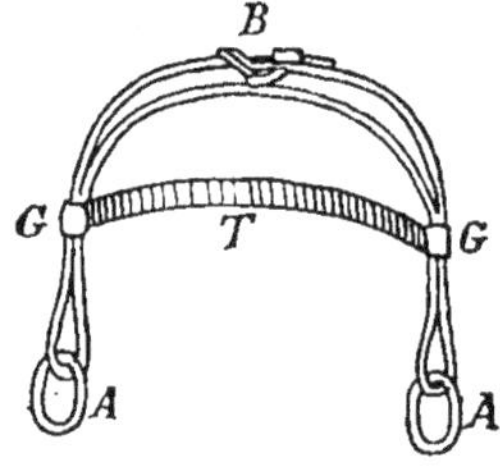

F. Frontal.

G. Gaines du frontal.

A. Anneaux mobiles.

B. Boucle de la courroie de paquetage.

Fig. 14.

La partie B C de la longe (fig. 15) étant placée dans la bouche du cheval, passer la partie C D dans l'anneau B (en gourmette), dans l'anneau F et enfin dans l'anneau B, une deuxième fois de dedans en dehors. Cette partie C D va constituer la rêne gauche de l'enrênement.

Quant à la partie B A, la passer : 1° par-dessus l'encolure, puis dans l'anneau C, de dedans en dehors,

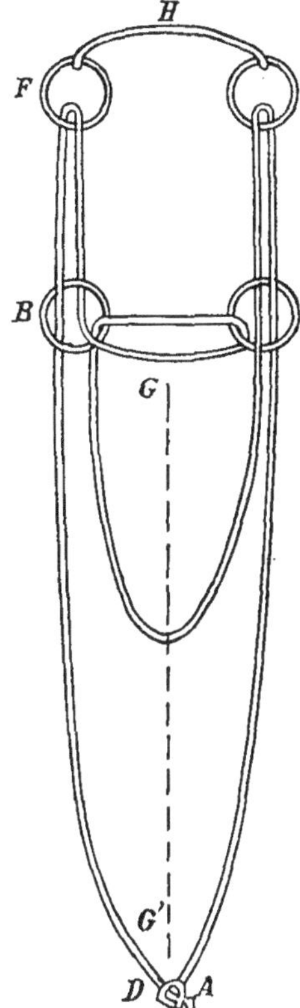

H. Courroie de paquetage.

E F. Anneaux de têtière.

G G'. Projection horizontale de l'encolure.

Fig. 15.

dans l'anneau E, une deuxième fois dans l'anneau C, de dedans en dehors. Cette partie B A constitue la rêne droite de l'enrênement. Pour réunir les deux rênes, passer l'extrémité D dans la poulie A et faire un nœud.

Il est facile de voir que cet enrênement, employé à cheval, agit exactement de la même manière que la longe de dressage dans le travail d'assujettissement à pied.

·Lorsque le cavalier agit sur les rênes de l'enrênement, il fixe la tête du cheval sur l'encolure de telle manière qu'il enlève à sa monture toute indépendance.

En même temps que cet enrênement, il faut mettre

au cheval soit un bridon, soit une bride pour servir
de moyen de conduite, tandis que l'enrênement sera
employé d'abord pour empêcher les velléités d'emballade de se produire, puis pour les réprimer si elles se
produisaient.

Il n'y a pas de cheval emballeur qui, monté, puisse
résister à l'enrênement ci-dessus. Une seule ressource
lui reste : le coup de désespoir. On s'en mettra entièrement à l'abri en pratiquant au préalable à pied
le travail d'assujettissement avec la longe de dressage.

Emploi de l'enrênement de dressage.

Il faut remarquer que l'emploi de l'enrênement de
dressage agencé comme il convient pour les résistances présentées par le cheval aura tout naturellement
pour effet de rendre très rare la nécessité des correc-
tions avec la longe qui viennent d'être indiquées.

En effet, toute défense est précédée d'une contraction. L'enrênement de dressage pourra donc très souvent permettre au cavalier de *prévenir les défenses* (1).

Quant aux résistances présentées par un cheval difficile, c'est un jeu que de les combattre avec cet enrênement.

En particulier, ceux qui se dérobent sur l'obstacle
aux allures vives sont mis dans l'impossibilité de le
faire par la disposition I de l'enrênement, qui permet de lutter avec le plus d'efficacité contre les résistances latérales.

*Aucune des dispositions de l'enrênement ne gêne
d'ailleurs le cheval ni pour sauter ni pour étendre
son encolure :* il suffit que le cavalier ait la précaution d'ouvrir les doigts.

Du reste, l'emploi de l'enrênement de dressage permet de réserver exclusivement l'usage du mors de
bride pour un travail de manège serré.

Tout ce qui est équitation courante, équitation
d'extérieur et, par suite, équitation militaire peut
être fait en remplaçant le mors de bride par un
deuxième mors de filet.

---

(1) Entre autres choses, l'enrênement de dressage permet de *tenir* n'importe quel emballeur, mais sans lui donner une *correction*; si celle-ci paraissait nécessaire, il faudrait recourir à la longe, employée comme il a été dit plus
haut.

Rien n'empêche, dans ces conditions, si l'on craint de donner au cheval, au moment du saut, un à-coup sur l'enrênement, de relâcher les rênes de celui-ci et de sauter sur le deuxième filet.

Appliqué aux chevaux rétifs, qui généralement se retiennent, l'enrênement de dressage, agissant par la localisation, donne plus facilement des résultats que le procédé classique d'assouplissement : pousser sur une main fixe. Ce dernier procédé est tout ce qu'il y a de plus délicat à employer vis-à-vis d'un cheval qui se retient. Aussi, à moins d'être extrêmement habile, le cavalier qui veut employer ce procédé tourne-t-il dans un cercle vicieux : le cheval rétive d'autant plus qu'il est plus contracté et l'on peut le décontracter d'autant moins qu'il est plus rétif.

CHAPITRE VI

ENRÊNEMENTS DE FORTUNE

Certains chevaux nécessitent, par leurs résistances, l'emploi permanent de l'enrênement de dressage, même une fois la période de dressage terminée.

Il est indiqué de leur faire confectionner un enrênement tel que je l'ai décrit précédemment.

Mais, dans le cas contraire, lorsque l'emploi de cet *outil* doit être limité à la période de dressage proprement dite, il est naturel de chercher à obtenir le même résultat avec des enrênements de fortune, réalisés avec des parties existantes du harnachement ou de l'équipement *sans aucune modification.*

Une courroie de bidon munie à chaque extrémité d'un anneau porte-sabre peut remplacer les montants et la têtière de l'enrênement. Pour la fixer à la bride, la passer au préalable dans un passant de têtière de licol de parade et boutonner ce passant au bouton de têtière de la bride.

Cela fait, pour réaliser les dispositions I et II de l'enrênement sans avoir besoin de faire confectionner un dessus d'encolure, procéder de la manière suivante : ajouter bout à bout deux paires de rênes de filet au moyen d'un anneau engagé dans deux porte-mors. Le point de jonction de ces deux paires de rênes étant à la main du cavalier, passer les bouts libres dans les anneaux correspondants des montants. Fixer ensuite chacun d'eux soit au dé correspondant de longe-poitrail (disposition I), soit au dé de longe-poitrail du côté opposé, en croisant ces bouts libres en avant du garrot (disposition II). Pour réaliser la disposition III, faire avec une courroie de paquetage et deux anneaux une têtière, comme il a été indiqué précédemment (fig. 14 et texte correspondant).

Employer cette têtière à l'exclusion des montants. Les rênes ordinaires de filet sont employées. Leur couture médiane étant supposée à la main du cavalier, engager le bout libre de chaque rêne dans l'anneau correspondant du filet et boucler ensuite le porte-mors à l'anneau de têtière du même côté.

La têtière à anneaux peut également être employée pour réaliser à peu près la disposition I de l'enrêne-ment à l'aide d'une corde à fourrages. Cette têtière étant fixée sur celle de la bride, passer la corde à fourrages dans les deux dés de longe-poitrail, de manière que le milieu de la corde soit en avant du pommeau de la selle. Passer ensuite chacune des ex-trémités de la corde dans les anneaux de filet et de têtière correspondants dans l'ordre suivant : 1° filet, de dehors en dedans; 2° têtière; 3° filet, de dedans en dehors. Réunir alors les deux extrémités de la corde en passant dans la poulie le bout opposé et en arrê-tant ce bout par un nœud simple.

La disposition II se réaliserait tout aussi facile-ment. Prendre garde que les deux brins de longe qui traversent chaque anneau de filet ne se croisent : cela gênerait le fonctionnement de l'enrênement.

Quant au travail à la longe sur les mors, il peut être fait de la manière suivante avec un enrênement de fortune :

1° Montants et têtière remplacés par une courroie de bidon munie d'anneaux comme il a été dit;

2° Une courroie de paquetage fixée de chaque côté de la selle à un dé de sacoche.

Ces courroies de paquetage, bouclées sur elles-mê-mes à la longueur voulue, joueront le rôle des an-neaux 1 et 2 du dessus d'encolure de l'enrênement, tandis que le dé de longe-poitrail du côté intérieur jouera le rôle de l'anneau 3.

CONCLUSION

Dans le cours de ce travail j'ai tâché d'exposer une progression de dressage applicable au cheval de troupe et basée sur des procédés nouveaux sinon dans leur principe, du moins dans leurs applications.

Ces procédés sont caractérisés par la recherche constante de l'équilibre dans le mouvement en avant, le cheval droit et léger depuis le début jusqu'à la fin du dressage.

Ils offrent l'immense avantage de détruire toute contraction dès qu'elle se produit.

Ils évitent, par suite, bien des luttes qui, lorsqu'elles tournent à l'avantage du cavalier, ont souvent des tares pour corollaires, tandis qu'elles sont le prodrome de la rétivité dans le cas contraire.

On pourra, entre autres choses, objecter à cette progression la nécessité, pour l'officier, de s'occuper individuellement de l'instruction de chaque cheval.

A mon avis, ceci, loin d'être un inconvénient, constituerait plutôt un avantage : ce serait se ménager des déceptions certaines que prétendre réussir le dressage d'un lot de jeunes chevaux *n'offrant pas tous les mêmes résistances* en leur faisant exécuter simultanément des mouvements qui, bien que classiques ou traditionnels, ne sont nécessairement pas appropriés aux résistances particulières de chaque animal.

De même que l'instruction du cavalier, le dressage du cheval doit donc être *individuel*.

D'où l'obligation de n'employer pour le dressage qu'une progression dont nos gradés et nos cavaliers de rang puissent saisir à la fois la philosophie et les moyens. Celle que j'ai indiquée réalise-t-elle cette condition ? En toute sincérité, je le crois.

APPENDICE

DISCUSSION DES PROCÉDÉS EMPLOYÉS DANS
LA PROGRESSION DE DRESSAGE

APPENDICE

Discussion des procédés employés dans
la progression de dressage.

L'étude et la discussion de différents procédés d'assouplissement dérivés de la *monte américaine* m'ayant conduit à mon « enrênement de dressage », je suis tout naturellement amené à discuter ces procédés.

La théorie sur laquelle ils sont basés est la suivante :

Il faut attribuer la puissance de la main des jockeys américains à « la boucle qu'ils forment avec les rênes en prenant comme *point d'appui* le milieu de l'encolure »; « ce *point d'appui* sur l'encolure a une influence énorme sur la décontraction ».

En conséquence, il a été construit plusieurs modèles de bride dans lesquels les rênes de filet ont été agencées de manière à prendre *appui* sur le milieu de l'encolure, cette disposition ayant pour but d'éviter au cavalier l'obligation de porter le corps en avant comme les jockeys américains.

A mon avis, l'appui dont il s'agit n'a d'efficacité que si le point de *contact* de la rêne avec l'encolure constitue le point de *départ* fixe (ou à peu près) d'un système agissant mécaniquement, en vertu de principes connus, mathématiquement démontrés, dont les effets varient suivant l'*intensité* et la *direction* de la résultante des forces mises en jeu (1).

On peut expliquer ainsi, sans faire intervenir en rien l'hypothèse de l'influence, sur la décontraction, du point d'appui pris sur l'encolure, la puissance de

---

(1) Les démonstrations qui suivent renferment un certain nombre de calculs. Il est facile d'en contrôler l'exactitude par l'examen des figures, sur lesquelles la décomposition des forces a été faite graphiquement et exactement.

la main des jockeys américains et les résultats obtenus dans certains cas par les enrênements dérivés de la monte américaine.

On peut enfin démontrer expérimentalement que le point d'appui sur l'encolure n'a, en réalité, aucune vertu particulière.

La monte américaine (fig. 20 et 21).

Soit A B l'encolure, B C la tête, P M C une rêne tenue à l'américaine, M la main du cavalier, P le point d'appui.

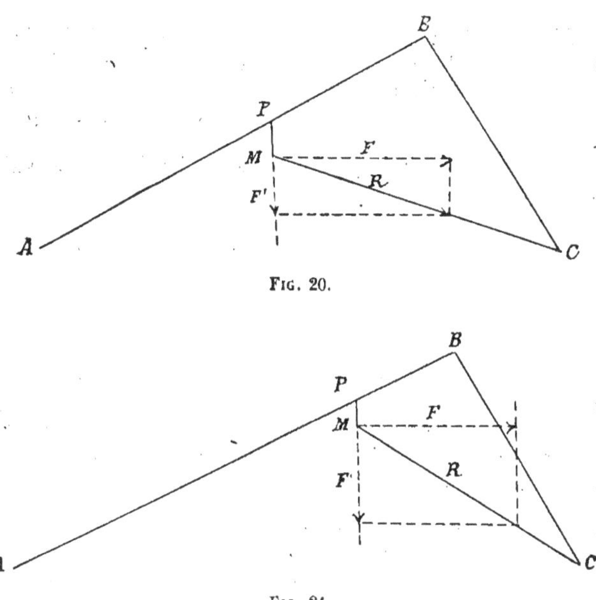

Fig. 20.

Fig. 21.

La force R, déployée par le cheval pour résister à son cavalier, est appliquée en M suivant M C.

Cette force peut se décomposer en deux composantes (1), l'une verticale F' qui passe par le point *fixe* P et se trouve annulée en vertu de l'axiome de

(1) Etant données une force R appliquée au point A (fig. 22) et deux directions AX et AY, issues de ce point et situées dans un même plan avec R, on sait que, pour décomposer la force R en deux autres forces dirigées suivant AX et AY, il suffit de mener par le point D, extrémité

mécanique connu (1), l'autre horizontale F, la seule contre laquelle le cavalier ait à lutter.

La comparaison des deux figures 20 et 21 montre que, pour une même grandeur de la force R, *la com-*

---

de la ligne qui représente la force R, les lignes DB et DC, respectivement parallèles à AY et à AX; les longueurs AB et AC représentent les composantes cherchées.

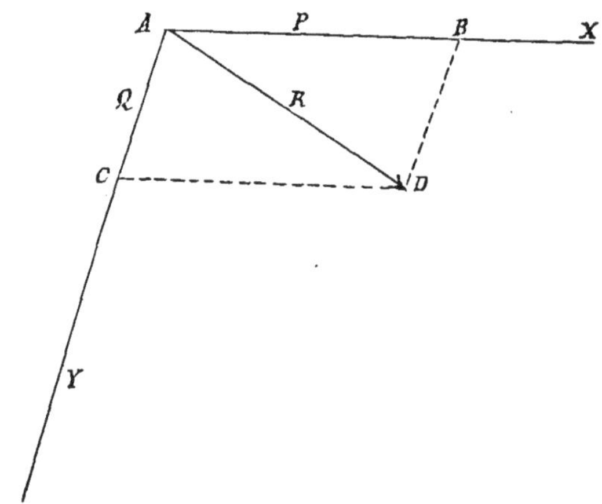

FIG. 22.

Pour déterminer par le calcul les intensités de ces composantes, il suffit de s'appuyer sur le théorème de trigonométrie en vertu duquel, dans un triangle quelconque, les sinus des angles sont proportionnels aux côtés opposés.

Le triangle ABD donne :

$$\frac{AB}{\sin ADB} = \frac{BD}{\sin BAD} = \frac{AD}{\sin ABD}$$

Or, $\sin ADB = \sin CAD = \sin (Q, R)$; $\sin BAD = \sin (P, R)$; $\sin ABD = \sin BAC$ (supplémentaire de ABD) $= \sin (P, Q)$.

On a donc

$$\frac{P}{\sin (Q, R)} = \frac{Q}{\sin (P, R)} = \frac{R}{\sin (P, Q)}$$

$$\text{ou } P = R \frac{\sin (Q, R)}{\sin (P, Q)} \; ; \; Q = R \frac{\sin (P, R)}{\sin (P, Q)}$$

Si les directions AX et AY sont rectangulaires, les formules qui précèdent se réduisent à

$$P = R \sin (Q, R) = R \cos (P, R)$$
$$Q = R \sin (P, R) = R \cos (Q, R)$$

(1) Lorsqu'un corps est libre de tourner autour d'un point fixe ou d'un axe fixe, s'il est sollicité par une force qui ne passe pas par le point fixe ou qui ne soit pas dans un même plan avec l'axe fixe, ce corps ne peut-être en équilibre. Si la direction de la force passe par le point fixe ou l'axe fixe, cette force est détruite.

*posante F est d'autant plus petite que la direction
M C est plus éloignée de l'horizontale.*

L'attitude du jockey américain est donc parfaitement rationnelle. En se couchant le plus possible sur l'encolure, il réduit au minimum l'intensité de la composante horizontale, il augmente au contraire au maximum celle de la composante verticale qui est mécaniquement annulée par suite du passage de sa direction par le point fixe P.

Ce qui est intéressant n'est donc pas *l'appui* sur l'encolure, mais la fixité du point P.

On peut vérifier expérimentalement cette conclusion du calcul en tenant ses rênes comme les jockeys américains, mais en prenant l'appui de la boucle des rênes sur le pommeau de la selle.

On aura ainsi, pour tenir un cheval qui tire, plus de force qu'avec la tenue de rênes habituelle, mais naturellement moins qu'avec l'attitude américaine, puisque, la direction des rênes se rapprochant de l'horizontale, la composante verticale se rapproche du minimum.

Effets des rênes ordinaires de filet.

Lorsque le cavalier se sert des rênes ordinaires de filet (fig. 23), l'effort R, produit par une rêne A B à son point d'attache A avec le mors, peut se décomposer en deux composantes, l'une horizontale F, l'autre verticale F'.

Si l'on appelle x l'angle formé par la direction de la rêne avec la verticale, on a (1) :

$$F = R \sin x$$
$$F' = R \cos x$$
$$\text{ou } R = \frac{F}{\sin x} = \frac{F'}{\cos x}$$

En d'autres termes, l'action d'avant en arrière exercée par la rêne sur la bouche du cheval est réduite proportionnellement au sinus de l'angle formé par la direction de cette rêne avec la verticale.

Si la direction de la rêne est horizontale, la composante verticale s'annule et toute la force s'utilise horizontalement.

On ferait un raisonnement analogue, mais inverse, pour la composante verticale.

Dans le cas où la direction de la rêne considérée

---

(1) Voir la note au bas de la page 64.

serait inclinée de haut en bas et d'avant en arrière, la décomposition des forces se ferait d'une manière identique, mais la composante verticale serait dirigée de haut en bas.

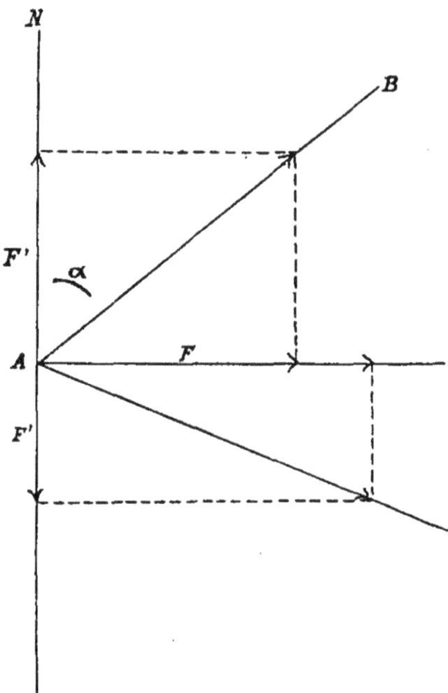

FIG. 23.

Quant à l'effet de ces différentes forces, il est essentiellement variable suivant l'attitude de la tête et celle de l'encolure.

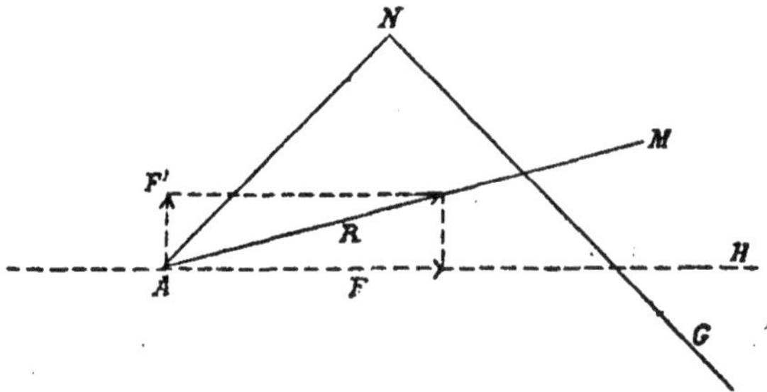

FIG. 24.

Ainsi, dans la figure 24, où l'encolure et la tête sont

l'une et l'autre inclinées à 45° sur l'horizon, la composante horizontale agit pour ouvrir la mâchoire et fermer l'angle de la tête sur l'encolure; la composante verticale agit comme relevatrice.

Il en est de même si, l'encolure étant correctement placée, la tête tombe verticalement.

Si l'encolure est affaissée, la figure 25 permet de se rendre compte des effets produits. L'effort R du cavalier se décompose en deux composantes F et F'. La composante verticale F' tend à relever le cheval. La composante horizontale F tend, au contraire, à accentuer la défectuosité de l'attitude de l'encolure.

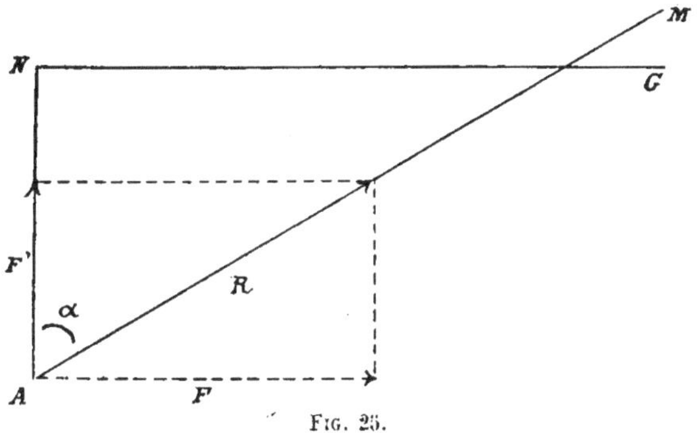

Fig. 25.

Pour que l'encolure se relève, il faut que l'on ait F' > F. Or, pour que cette condition soit réalisée, il faut que l'angle α soit plus petit que 45°, ce qui est à peu près impossible avec les rênes ordinaires de filet, à moins de tendre les bras en avant et de lever exagérément les mains.

L'attitude affaissée a le grave inconvénient de surcharger l'avant-main et de rendre le cheval lourd, c'est-à-dire peu maniable.

Le raisonnement ci-dessus montre pourquoi il est si difficile de corriger cette attitude avec les moyens ordinaires et explique pourquoi la plupart des écuyers cherchent, par le travail en bridon, à placer tout d'abord le cheval un peu haut (1).

Si l'encolure est trop élevée, la décomposition des forces se fait encore d'une manière peu favorable à la facilité de la conduite.

____

(1) L'emploi de l'enrênement de dressage permet de placer tout de suite le cheval dans la bonne attitude, ce qui fait gagner du temps.

Le fait de « porter au vent » provient d'une contraction à la base de l'encolure. Cette contraction a presque toujours comme origine première une attache défectueuse de la tête. On peut remarquer que, chez la presque totalité des chevaux portant au vent, la tête est, quelle que soit la position, perpendiculaire à la direction de l'encolure (1); si l'encolure est verticale, la tête est horizontale.

Il faut remarquer aussi que, la plupart du temps, le cheval porte au vent pour se soustraire aux effets de la main du cavalier. Si, avec une attache de tête défectueuse, il est mis dans l'impossibilité de porter au vent, il tombe dans l'extrême inverse et cherche à s'encapuchonner.

Soit A N la tête, N G l'encolure d'un cheval qui porte au vent, A M une rêne, G la base de l'encolure (fig. 26).

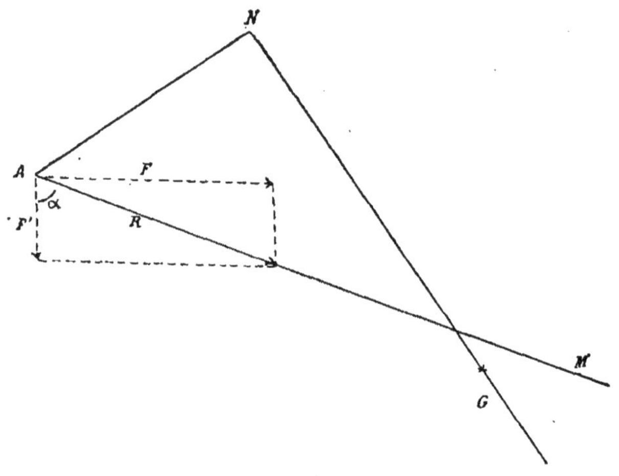

Fig. 26.

La direction de la rêne A M passe naturellement au-dessous de l'horizontale menée par le point A, si le cavalier tient les mains basses.

L'effort R du cavalier se décompose en deux composantes, l'une verticale F', qui tend à faire baisser l'encolure, l'autre horizontale F.

Cette dernière a des effets très différents selon l'attitude de l'encolure et le degré de souplesse de l'articulation atloïdo-axoïdienne.

____

(1) L'angle de la tête et de l'encolure est même parfois plus ouvert.

Si A N et N G étaient des tringles articulées en N (N G étant supposé fixe), l'action de la composante F aurait toujours pour effet de fermer l'angle A N G.

Mais l'angle de la tête sur l'encolure n'est susceptible d'être fermé que dans une limite variant avec chaque cheval suivant sa conformation et suivant sa souplesse naturelle ou acquise.

Cette limite est extrêmement restreinte chez le cheval qu'une attache de tête défectueuse fait porter au vent.

Une fois cette limite atteinte, la composante F agit comme si A N G était une tringle rigide, coudée en N, mais susceptible de pivoter autour du point N : cette composante est alors *relevatrice*.

Une fois cette limite atteinte, l'action de la rêne a pour effet de soumettre l'encolure à deux forces, l'une tendant à la relever, l'autre tendant à l'abaisser. L'encolure s'élèvera ou s'abaissera suivant que l'une ou l'autre de ces deux forces sera prédominante.

Une fois cette limite atteinte, l'action d'avant en arrière sur la masse du cheval est à peu près annihilée : cela explique la facilité avec laquelle un cheval portant au vent échappe aux actions du cavalier.

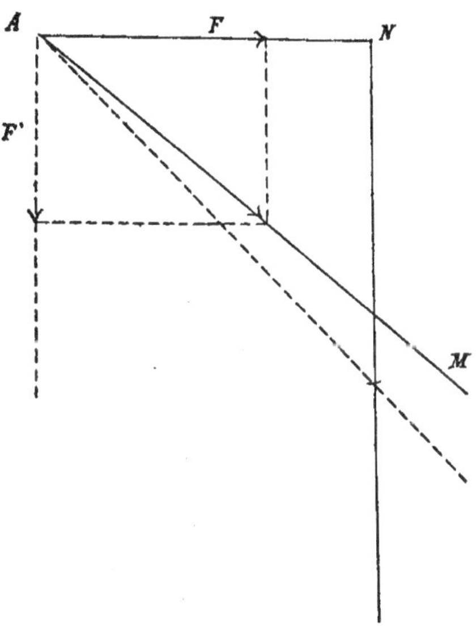

FIG. 27.

Pour que le cheval redevienne maniable, il faudra

tout d'abord replacer l'encolure dans une attitude plus favorable à la conduite.

Or, pour toutes les valeurs de R, on a :

$$\text{si } \alpha = 45°, \ F = F'$$
$$\alpha < 45°, \ F < F'$$
$$\alpha > 45°, \ F > F'$$

Donc, lorsque le cheval porte au vent et que, par son attitude, il a atteint la limite au delà de laquelle l'angle α n'est plus susceptible d'être fermé, il est indispensable, pour que la conduite soit possible, que la direction de la rêne A M fasse avec la verticale un angle plus petit que 45°. C'est ce résultat que vise instinctivement le cavalier en tenant les mains basses et en penchant le corps en avant.

Si nous envisageons le cas extrême, encolure verticale (fig. 27), tête horizontale, on voit que, lorsque la direction de la rêne A M fera avec la verticale un angle plus grand que 45°, toute action de rêne aura pour effet de faire chavirer la tête en arrière.

Si cette attitude de la tête coïncide avec le cabrer, une action de rêne, produite dans ces conditions, aura fatalement pour effet de renverser le cheval.

Rêne coulante montée sur le filet (1).

Supposons que le cavalier, au lieu d'employer les rênes ordinaires du filet, emploie l'agencement représenté par la figure 28 : les deux extrémités des rênes

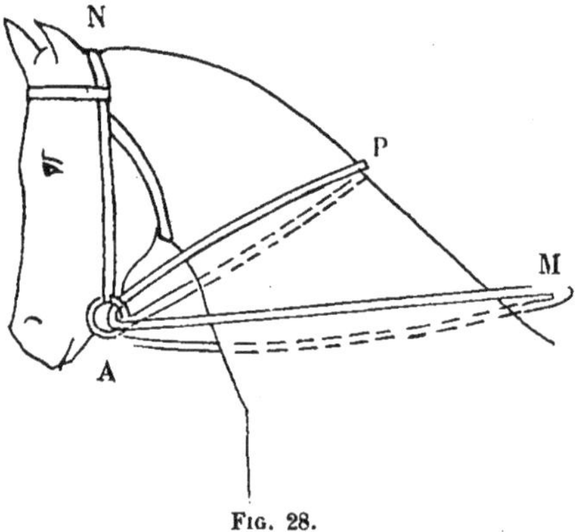

Fig. 28.

(1) Système du capitaine de C...

de filet étant débouclées, faire glisser les bouts libres dans les anneaux, les réunir et les fixer ensemble, puis les prendre à la main.

Dans ce cas, si le cavalier se sert de ses deux rênes et exerce une traction égale sur chacune d'elles, la force appliquée au point A par l'effet d'une rêne (fig. 29) n'est plus l'action pure et simple produite par le cavalier.

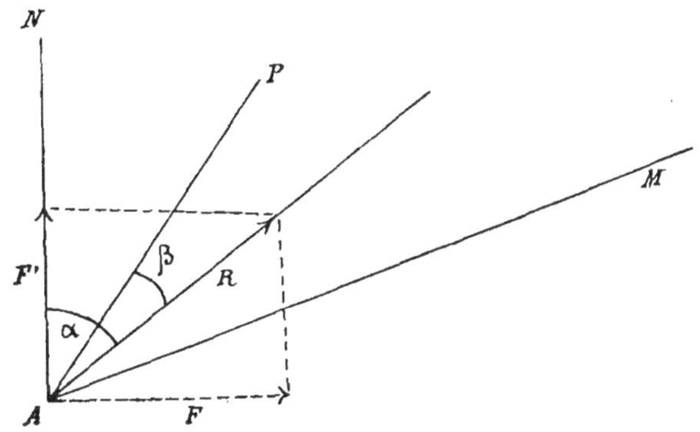

Fig. 29.

Cette action est *multipliée* par un coefficient variable suivant la manière dont la rêne est agencée; la *direction* de cette action varie également suivant l'agencement de la rêne.

Celle-ci, en passant sur chaque anneau de filet, forme un système de poulie mobile.

La théorie de la poulie mobile nous donne, par conséquent, les éléments voulus pour calculer l'intensité et la direction de l'action exercée sur la bouche du cheval.

La force R, appliquée en A, est égale au produit de l'effort E du cavalier par deux fois le cosinus de l'angle β, celui-ci étant la moitié de l'angle P A M formé par la rêne à son passage sur l'anneau du filet : voilà pour l'*intensité*.

Quant à la *direction* de la force R, c'est celle de la bissectrice de l'angle P A M (1).

Si le point P est très près de N, c'est-à-dire si la rêne coulante prend appui sur la nuque, *on obtient un gag*.

---

(1) *Théorie de la poulie mobile.* — On sait que, lorsqu'une poulie mobile est en équilibre ou monte d'un mouvement uniforme, le rapport de la force employée à la résistance

Si l'on suppose que la direction de la partie de
rêne tenue à la main, A M, soit horizontale, et que
A N, coïncidant avec A P, soit vertical, l'angle
P A M est droit; par suite, la force R, appliquée en A,
a comme *direction* 45° sur l'horizontale et comme *in-*

éprouvée est égal au rapport du rayon de la poulie à l'arc
sous-tendu par la corde.

Ce rapport $\dfrac{OA}{AB}$ (fig. 30) est le même quel que soit le
rayon de la poulie si l'angle APB reste constant.

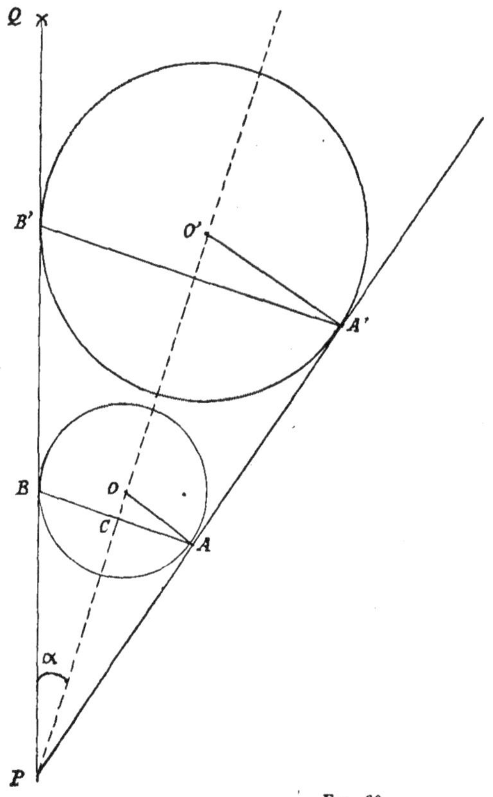

Fig. 30.

Soit, en effet, deux poulies O et O', de rayon différent
mais actionnées par des cordons faisant le même angle.

Dans les triangles semblables OAP, O'A'P, on a $\dfrac{OA}{O'A'} = \dfrac{AP}{A'P}$;

tensité le produit de l'action E du cavalier par deux fois le cosinus de 45° $\left(\dfrac{\sqrt{2}}{2} \right)$: $R = E \sqrt{2}$.

Si, la rêne passant à la nuque, la main du cavalier s'élève, la *direction* de la force R se rapproche de la verticale.

D'autre part, l'angle P A M est de plus en plus aigu. Par suite, les deux portions de rêne P A et A M se rapprochent de plus en plus de la position parallèle; l'*intensité* de la force R grandit d'autant : elle deviendrait le double de l'action produite par le cavalier si M A pouvait être vertical.

En résumé, la rêne passant à la nuque : pour une même action produite par le cavalier, plus la main s'élève, plus grande est l'*intensité* de la force appliquée au mors, mais plus aussi la *direction* de cette force produit un effet releveur accusé.

Inversement, la main étant à une position déterminée, plus la direction de la portion de rêne passant par-dessus l'encolure se rapproche de la direction de la portion de rêne tenue à la main, plus aussi l'*intensité* de la force R augmente. Cette intensité est le double de l'action produite par le cavalier lorsque l'angle P A M est nul, c'est-à-dire lorsque les deux portions de rêne se superposent.

---

dans les triangles semblables PAB, PA'B', on a $\dfrac{AB}{A'B'} = \dfrac{AP}{A'P}$

donc $\dfrac{OA}{O'A'} = \dfrac{AB}{A'B}$ et $\dfrac{OA}{AB} = \dfrac{O'A'}{A'B'}$.

Ce rapport peut, du reste, s'exprimer en fonction du cosinus de l'angle α.

Les formules de résolution des triangles rectangles donnent, dans le triangle OAP, $OA = AP \operatorname{tg} \alpha$ et dans le triangle ACP, $AC = AG \sin \alpha$, d'où $\dfrac{OA}{AC} = \dfrac{1}{\cos \alpha}$, $\dfrac{OA}{2\,AC} = \dfrac{OA}{AB} = \dfrac{1}{2 \cos \alpha}$.

Ce qui détermine le rapport $\dfrac{OA}{AB}$ est donc la valeur de l'angle formé par les deux brins du cordon. Si ces deux brins forment un angle droit, on a $\dfrac{OA}{AB} = \dfrac{1}{\sqrt{2}}$. Si les deux brins sont parallèles, $\dfrac{OA}{AB} = \dfrac{1}{2}$.

De plus, il est évident que si, dans la figure 30, où Q représente le point fixe, la poulie O est en équilibre sous l'action d'une force F, cet équilibre ne sera pas rompu si l'on suppose la force F supprimée et remplacée par une force R', égale et directement opposée à la charge R. Enfin, la direction de la charge R et par suite celle de la force R' est la bissectrice de l'angle APB.

La décomposition de la force R en composante horizontale et en composante verticale se ferait exactement comme la décomposition de l'effort exercé par une rêne ordinaire.

Si l'on appelle α l'angle formé par la direction A R avec la verticale (fig. 29), on a :

$$F = R \sin \alpha$$
$$F' = R \cos \alpha$$
$$R = \frac{E}{\sin \alpha} = \frac{F'}{\cos \alpha}$$

Les effets produits par chacune de ces forces varient suivant l'attitude de la tête et de l'encolure.

Il n'est évidemment pas possible d'envisager tous les cas, mais l'examen de quelques attitudes bien définies permet de voir les effets produits dans ces attitudes et de trouver par analogie ceux qui se produiraient dans les attitudes intermédiaires.

A) *La tête du cheval est verticale.*

a) Si P A est vertical (gag) et A M horizontal (fig. 31), on a :

$$\alpha = 45° \sin \alpha = \frac{\sqrt{2}}{2}.$$

Nous savons que, dans ces conditions, $R = E\sqrt{2}$, E représentant l'action du cavalier.

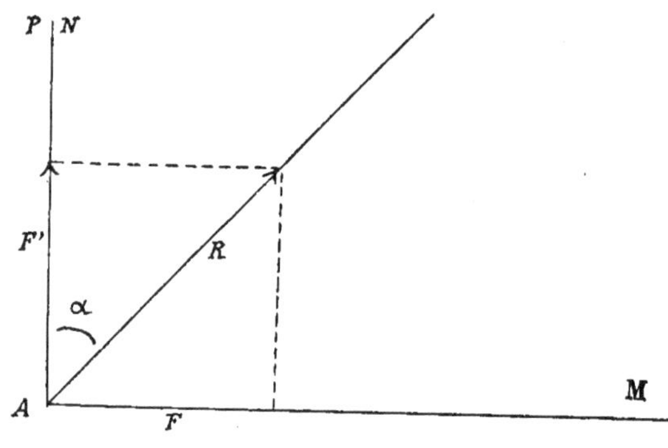

Fig. 31.

D'autre part, $F = \dfrac{R\sqrt{2}}{2}$, ce qui revient à

$$F = E, \ F' = E.$$

Autrement dit (fig. 32), dans le gag où les systèmes

produisant un effet identique, lorsque la tête est verticale, l'encolure correctement placée et que le cavalier tient les mains basses, l'action d'avant en arrière n'est pas accrue, mais il se produit un effet releveur d'une intensité égale à cette action.

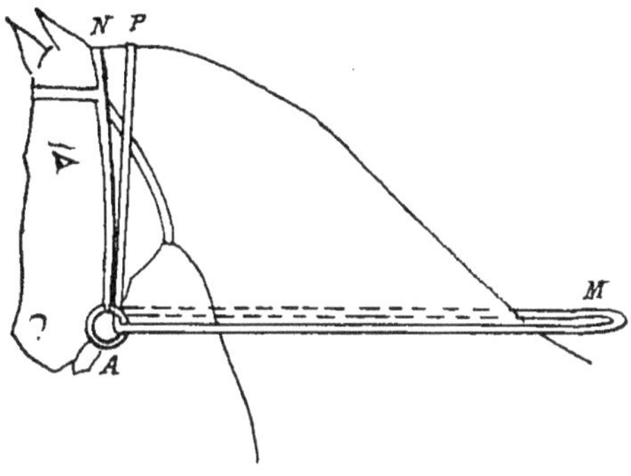

Fig. 32.

b) Si P A est vertical et A M incliné à 45° (fig. 33), nous avons

$$\frac{E}{R} = \frac{1}{2 \cos \frac{45}{2}} \text{ ou } R = 2 E \cos \frac{45}{2}$$

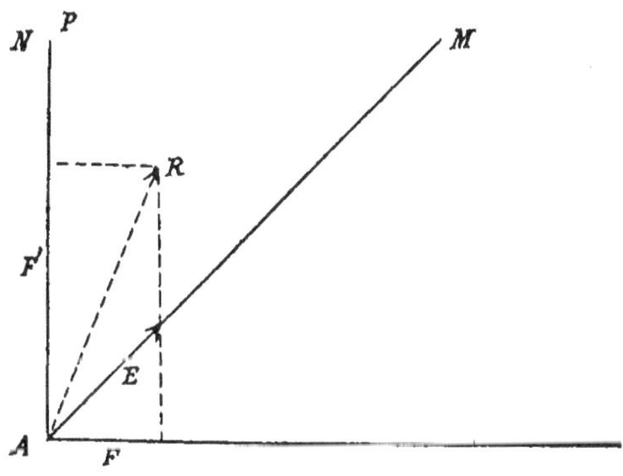

Fig. 33.

puis $F = R \sin \frac{45}{2} = 2 E \cos \frac{45}{2} \sin \frac{45}{2} = E \sin 45 = \frac{E \sqrt{2}}{2} = E \times 0{,}707$; et $F' = R \cos \frac{45}{2} = 2 E \cos^2 \frac{45}{2} = 2 E \left(1 + \cos \frac{45}{2} \right) = E \times 1{,}707.$

La figure 34 représente le cas particulier où P A est vertical et A M à 45°, mais avec l'encolure affaissée (A N est la tête, N G l'encolure). Si l'on rapproche cette figure de la figure 25 et du texte correspon-

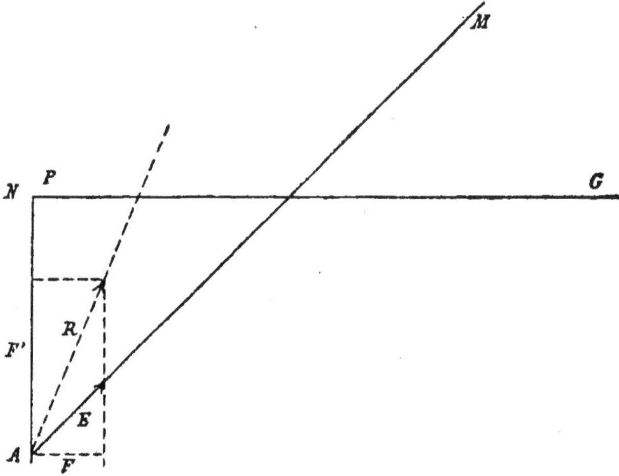

FIG. 34.

dant, on voit que, si le cavalier se sert d'un gag ou d'un système produisant un effet identique, il peut relever sans difficulté une encolure affaissée, puisque, dans tous les cas, on aura F' > F.

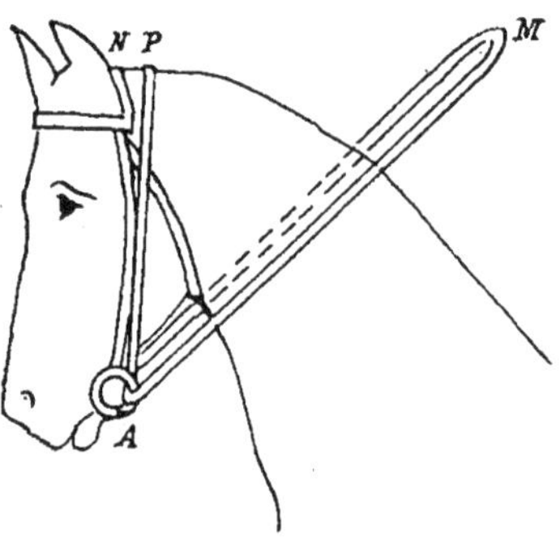

FIG. 35.

Les calculs ci-dessus montrent que, dans le gag ou les systèmes produisant un effet identique, si la tête est verticale, l'encolure correctement placée et que le cavalier tienne les mains très hautes, l'action d'avant en arrière est égale à l'effort du cavalier diminué d'environ un tiers. Il se produit, par contre, un effet releveur d'une intensité égale à l'effort du cavalier augmenté des deux tiers environ.

c) Si P A est incliné à 45° et que A M ait la même direction, on a : angle P A M=0° ; angle N A R= N A M=45° (fig. 36).

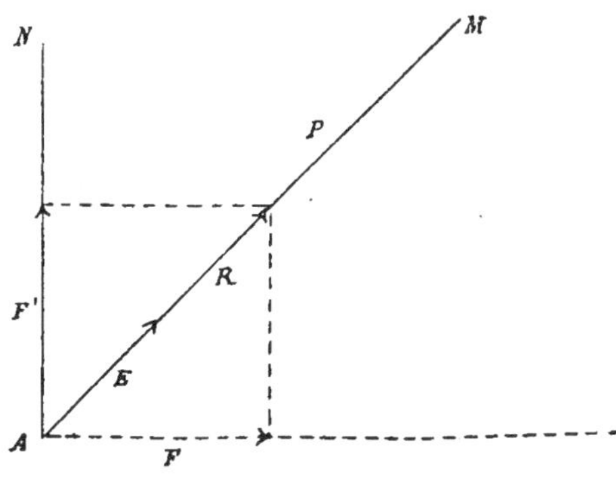

FIG. 36.

Nous avons : $\dfrac{E}{R} = \dfrac{1}{2}$ ou $R = 2 E$

puis $F = \dfrac{R\sqrt{2}}{2} = \dfrac{2 E \sqrt{2}}{2} = E \times 1{,}414.$

On aurait de même $F' = E \times 1{,}414.$

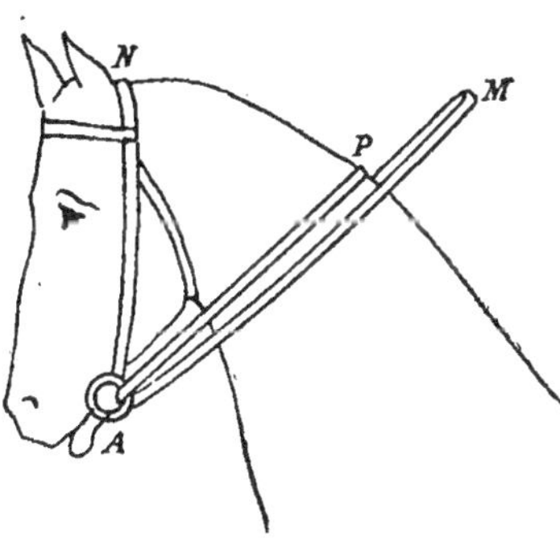

FIG. 37.

Autrement dit, avec la rêne coulante montée sur le filet, si la rêne prend appui à peu près au milieu de l'encolure, si la tête est verticale, l'encolure correctement placée et que le cavalier tienne les mains très hautes, l'action d'avant en arrière est égale à l'effort du cavalier augmenté des deux cinquièmes. Il se produit de plus un effet releveur d'une intensité égale à l'action d'avant en arrière.

d) Si P A est incliné à 45° et A M horizontal (fig. 38), on a

$$R = 2\,E \cos \frac{45}{2}$$

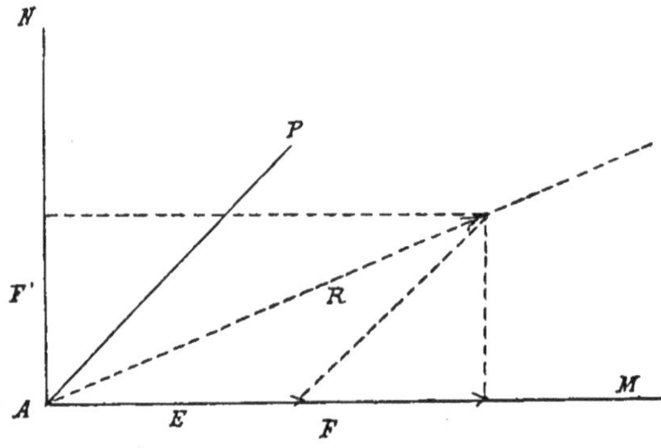

Fig. 38.

puis $F = R \sin\left(45 + \dfrac{45}{2}\right) = 2\,E \cos \dfrac{45}{2} \sin\left(45 + \dfrac{45}{2}\right) =$
$2\,E \cos^2 \dfrac{45}{2} = E \times 1{,}707$

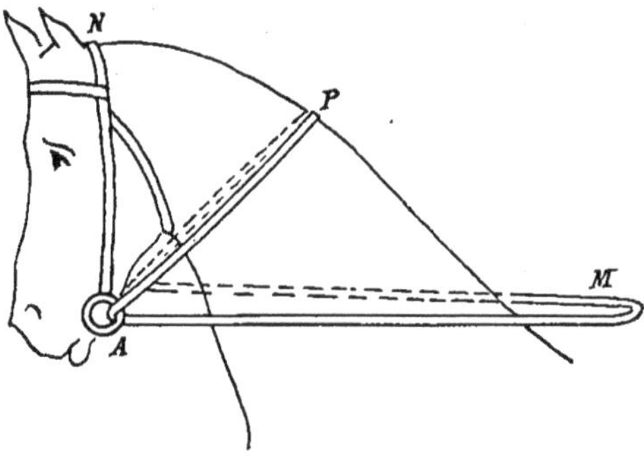

Fig. 39.

$$\text{et } F' = R \cos\left(45 + \frac{45}{2}\right) = R \sin\frac{45}{2} = 2 E \sin\frac{45}{2}\cos\frac{45}{2} =$$

$$E \sin 45 = \frac{E\sqrt{2}}{2} = E \times 0,707.$$

Autrement dit, avec la rêne coulante montée sur le filet, si la rêne prend appui à peu près au milieu de l'encolure (fig. 39), si la tête est verticale, l'encolure correctement placée et que le cavalier tienne les mains basses, l'action d'avant en arrière est égale à l'effort du cavalier augmenté des deux tiers. Il se produit de plus un effet releveur d'une intensité égale aux deux tiers de l'effort du cavalier.

e) Enfin, si A M étant horizontal, il était possible d'avoir A P également horizontal, on aurait angle P A M = 0°, R = 2 E, F = R = 2 E, F' = 0.

Autrement dit, avec la rêne coulante montée sur le filet, la tête verticale et l'encolure correctement placée, si, le cavalier tenant les mains basses, il était possible de maintenir sur le garrot la partie de rêne qui passe sur l'encolure, la rêne coulante aurait pour effet de doubler la puissance du cavalier comme action d'avant en arrière; il ne se produirait plus d'effet releveur.

Mais, sous l'action simultanée des deux rênes, la partie passant sur l'encolure a toujours une tendance à remonter et ne peut même pas être maintenue en avant et près du garrot.

Somme toute, le cas précédent (*d*) représente à peu près le maximum d'effet que l'on peut obtenir de la rêne coulante montée sur le filet comme action d'avant en arrière lorsque la tête est verticale et l'encolure correctement placée.

B) *La tête est à 45° en avant de la verticale ; l'encolure est également à 45°.*

a) Si P A est à 45° (gag) et A M horizontal, on a (fig. 40) :

$$R = 2 E \cos\frac{45}{2}$$

D'autre part :
$$F = R \sin\left(45 + \frac{45}{2}\right)$$

$$F' = R \cos\left(45 + \frac{45}{2}\right)$$

ou

$$F = 2 E \cos\frac{45}{2}\sin\left(45 + \frac{45}{2}\right) = 2 E \cos^2\frac{45}{2} = E \times 1,707,$$

$$\text{et } F' = 2\,E \cos\frac{45}{2} \cos\left(45 + \frac{45}{2}\right) = 2\,E \cos\frac{45}{2} \sin\frac{45}{2}$$
$$= E \sin 45 = E \times 0{,}707.$$

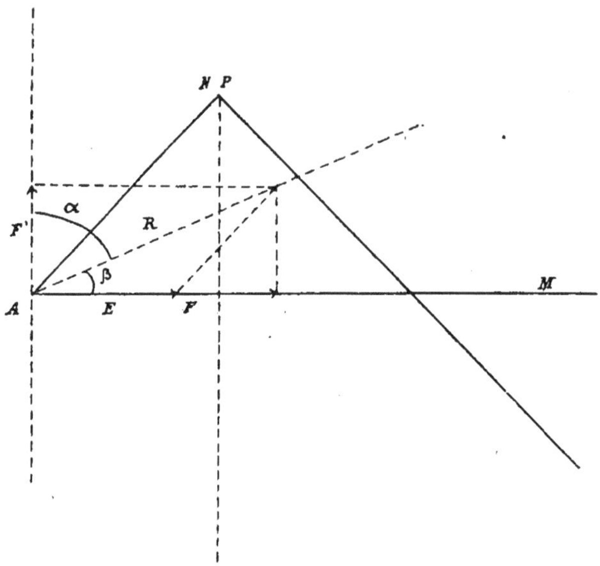

Fig. 40.

Autrement dit, dans le gag ou les systèmes produisant un effet identique, si la tête et l'encolure forment

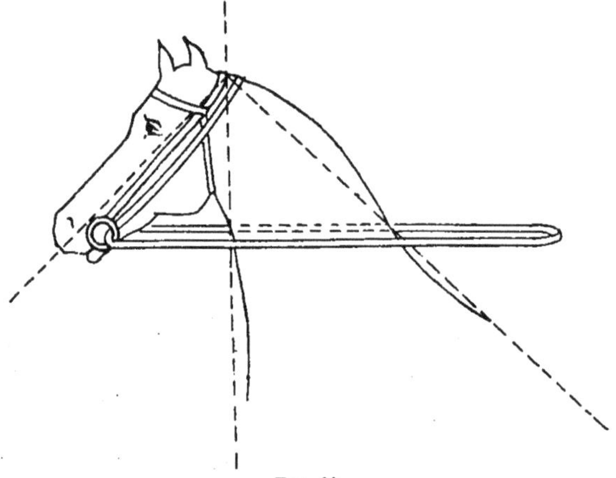

Fig. 41.

chacune 45° avec la verticale et si le cavalier tient **naturellement** les mains à hauteur des coudes, l'action
d'avant en arrière est égale à l'effort du cavalier augmenté des deux tiers environ. Il se produit de plus **un**
effet releveur d'une intensité égale aux deux tiers
de l'effort du cavalier.

b) Si P A est à 45° et si $PAM = \dfrac{45}{2}$, on a $R = 2\,E\cos\dfrac{45}{4}$
puis (fig. 42)

$$F = R \sin\left(45 + \frac{45}{4}\right) = 2\,E \sin\left(45 + \frac{45}{4}\right) \cos\frac{45}{4} = 2\,E \sin$$
$$56°15' \cos 11°15' = E \times 1,630,$$

$$F' = R \cos\left(45 + \frac{45}{4}\right) = 2\,E \cos\left(45 + \frac{45}{4}\right) \cos\frac{45}{4} = 2\,E \cos$$
$$56°15' \cos 11°15' = E \times 1,088.$$

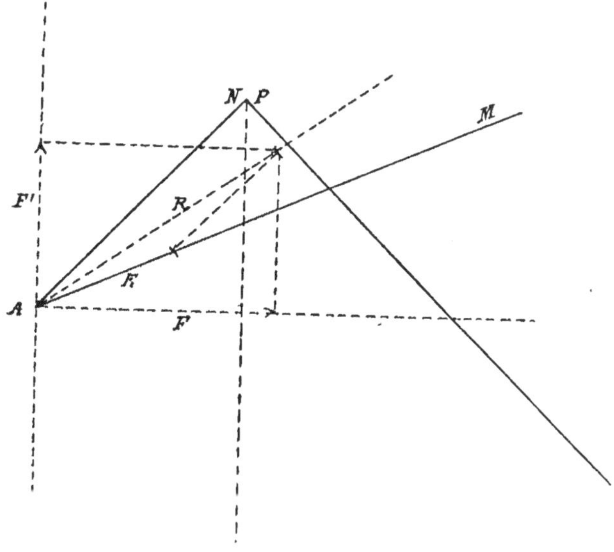

FIG. 42.

Autrement dit (fig. 43), dans le **gag** ou les systèmes
produisant un effet identique, si la tête et l'encolure
forment chacune 45° avec la verticale et si le cavalier
tient les mains très hautes, l'action d'avant en arrière est à peu près égale à l'effort du cavalier augmenté des deux tiers; il se produit de plus un effet
releveur d'une intensité sensiblement égale à l'effort
du cavalier.

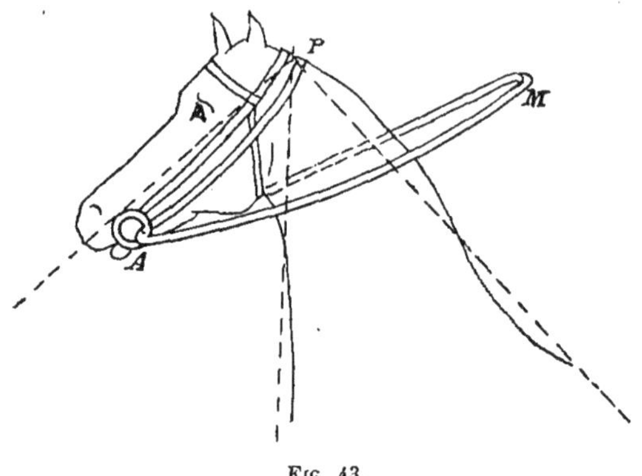

Fig. 43.

c) Si $PAN = \dfrac{45}{2}$ et si $PAM = 0°$, on a $R = 2E$ (fig. 44)

$$F = R \sin\left(45 + \frac{45}{2}\right) = 2E \cos 22°30' = E \times 1,846$$

$$F' = R \cos\left(45 + \frac{45}{2}\right) = 2E \sin 22°30' = E \times 0,764.$$

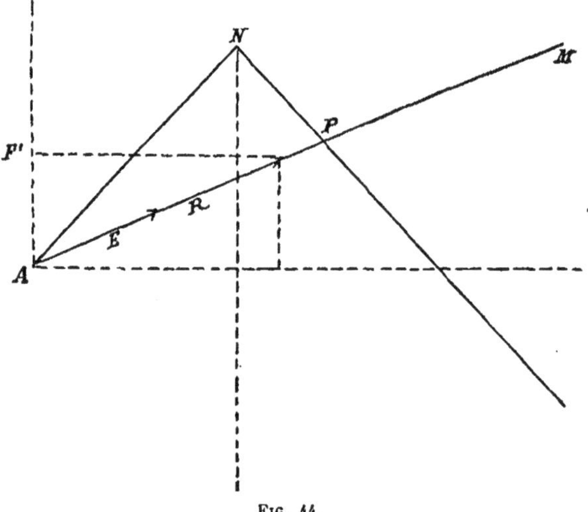

Fig. 44.

Autrement dit (fig. 45), avec la rêne coulante montée sur le filet, lorsque la rêne porte à peu près au
milieu de l'encolure et que le cavalier tient les mains

très hautes, l'action d'avant en arrière est égale à l'effort du cavalier augmenté des quatre cinquièmes environ. Il se produit, de plus, un effet releveur d'une intensité égale environ aux deux tiers de l'effort du cavalier.

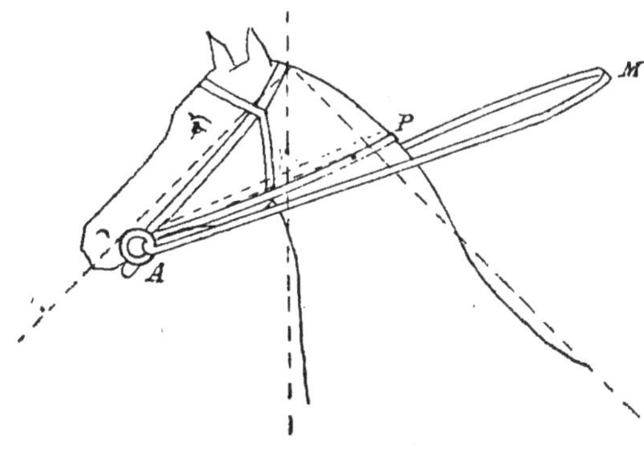

FIG. 45.

d) Si PAM $= \dfrac{45}{2}$, PAN $= \dfrac{45}{2}$, AM horizontal (fig 46) on a R $= 2$ E cos $\dfrac{45}{4}$ et

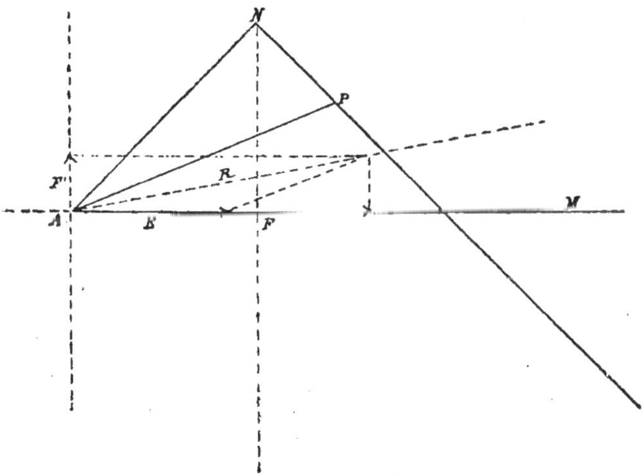

FIG. 46.

$$F = R \sin\left(45 + \frac{45}{2} + \frac{45}{4}\right) = 2\,E \sin\left(45 + \frac{45}{2} + \frac{45}{4}\right) \cos\frac{45}{4}$$

$$= 2\,E \cos^2\frac{45}{4} = E \times 1{,}923$$

$$F' = R \cos\left(45 + \frac{45}{2} + \frac{45}{4}\right) = 2\,E \cos\left(45 + \frac{45}{2} + \frac{45}{4}\right) \cos\frac{45}{4}$$

$$= 2\,E \sin\frac{45}{4} \cos\frac{45}{4} = E \sin\frac{45}{2} = E \times 0{,}382$$

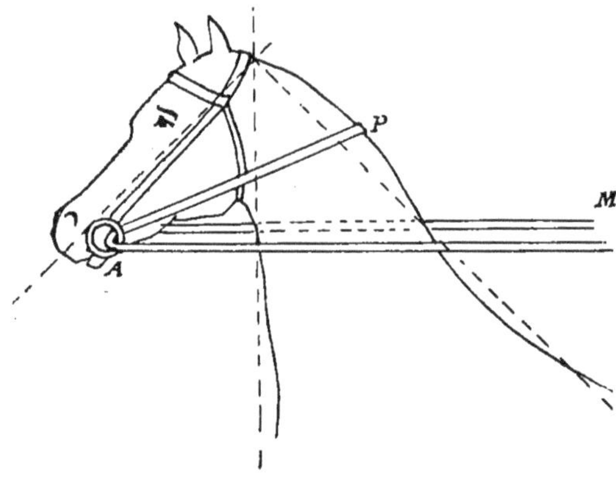

Fig. 47.

Autrement dit, avec la rêne coulante montée sur le filet, lorsque la rêne porte à peu près au milieu de l'encolure (fig. 47) et que le cavalier tient les mains naturellement, à hauteur des coudes, l'action d'avant en arrière est égale à l'effort du cavalier augmenté des neuf dixièmes environ. Il se produit, de plus, un effet releveur d'une intensité égale aux deux cinquièmes de l'effort du cavalier.

C) *Le cheval porte au vent.*

Nous savons que si, au lieu de rênes de filet ordinaires, nous mettons au cheval une rêne coulante avec point d'appui sur l'encolure, le raisonnement fait plus haut à propos de l'action des rênes ordinaires de filet subsiste intégralement en appliquant au jeu de poulie mobile produit par l'agencement de la rêne coulante ce qui a été dit pour l'action du cavalier sur une rêne ordinaire de filet.

Nous savons qu'il y a, dans ce cas, deux choses à

envisager : 1° *l'intensité* de l'action produite; 2° la *direction* de cette action.

Nous savons que l'intensité dépend de l'ouverture de l'angle P A M (fig. 48), que la direction dépend de celle de la bissectrice de ce même angle.

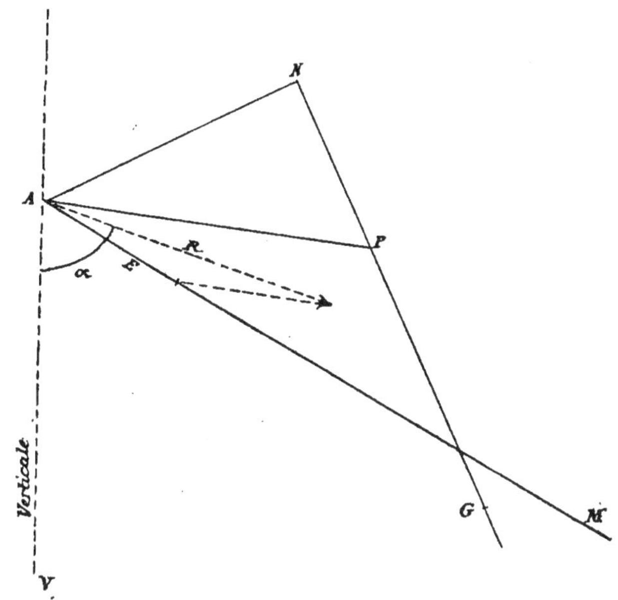

Fig. 48.

Nous savons enfin qu'il est indispensable que l'on ait $\alpha > 45°$.

Si $\alpha > 45$, l'intensité de l'action produite est au détriment de l'effet cherché.

Or, si le cavalier a les mains basses, la portion de rêne A M tenue à la main sera toujours *au-dessous* de la portion de rêne A P qui passe sur l'encolure, même si cette dernière portion est reculée de manière que P vienne à la base de l'encolure.

L'emploi de la rêne coulante a donc fatalement pour effet d'ouvrir l'angle α et cela d'autant plus que le point P est plus près de la nuque.

Pour chaque degré d'élévation de l'encolure, il y a même pour la distance N P une limite minima au-dessous de laquelle l'angle α sera forcément plus grand que 45°, même si le cavalier tient les mains très basses.

Une fois cette limite minima atteinte, la rêne coulante peut être non seulement nuisible, mais même dangereuse.

Le calcul de cette limite ne présente pas d'intérêt, le résultat varierait évidemment avec chaque cheval et avec chaque cavalier.

Si l'on prend le cas extrême, encolure verticale et rêne passant à la nuque (fig. 49), on voit que, pour que la bissectrice de l'angle P A M fasse 45° avec la verticale, il faudrait que le cavalier pût faire agir ses rênes suivant A M', c'est-à-dire verticalement de haut en bas, ce qui est matériellement impossible à cheval.

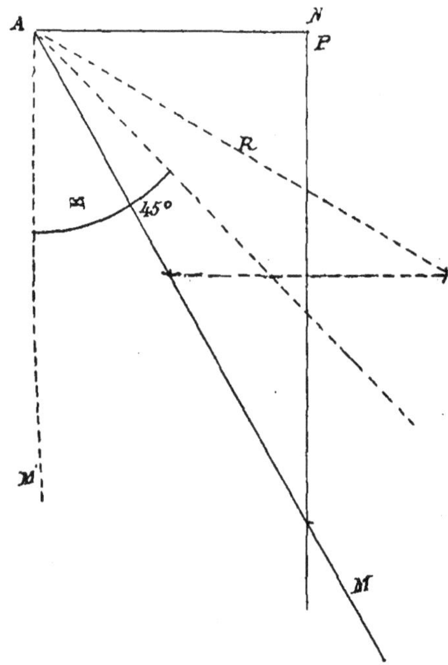

Fig. 49.

Donc, avec cette attitude, toute action rétrograde des deux mains sur la rêne coulante aura pour effet de faire basculer en arrière la tête du cheval. Si cette action se produit pendant le cabrer, elle amènera fatalement le renverser.

Mais l'inclinaison extrême qu'un cavalier à cheval

peut donner à ses rênes en agissant de haut en bas est encore assez éloignée de la verticale.

Par conséquent, même si la rêne coulante passe à quelque distance de la nuque, elle peut amener des accidents graves pour peu que le cavalier exerce une traction sur ses deux rênes au moment du cabrer.

Or, le cavalier peut être incité par cette disposition même de la rêne à exercer une traction qui *provoquera* le cabrer et *pourra* continuer malgré le cavalier pendant que cette défense s'effectuera.

En effet, j'ai supposé, dans les différents raisonnements qui précèdent au sujet de la rêne coulante, que le point P, contact de la rêne avec l'encolure, bien que mobile de la nuque au garrot, ne pouvait pas se déplacer *latéralement*.

En réalité, il n'en est pas ainsi.

Si, par exemple, le cavalier abandonne la rêne gauche et agit sur la rêne droite, tout l'ensemble glissera, décrira une portion de circuit, le point P se déplacera vers la droite. L'action exercée sur la bouche du cheval sera très minime : elle se réduira au frottement produit sur l'anneau droit de filet par la rêne en mouvement.

Pour qu'il y ait action efficace de la rêne droite, il faut que la main gauche, prenant la rêne gauche et *se fixant*, amène par contre-coup la fixité du point P.

Ceci n'a aucun inconvénient lorsqu'il s'agit de combattre des contractions *directes* avec les deux rênes à la fois.

Mais, s'il faut lutter contre des résistances latérales, il n'en est plus de même.

Dans ce cas, avec la rêne coulante, le cavalier ne peut employer que des effets de rêne contraire; il ne peut se servir ni des effets directs, ni des effets d'opposition; toute action de la rêne droite a sa répercussion sur la rêne gauche et réciproquement : il en résulte que l'effet produit est parfois, non seulement incertain, mais faux.

En présence d'une résistance latérale *énergique*, un cavalier inexpérimenté sera incité à agir sur la rêne contraire pour permettre l'action *énergique* de la rêne directe; en d'autres termes, il tirera fortement sur les deux rênes et provoquera le cabrer avec toutes ses conséquences.

Je crois pouvoir en conclure que tout enrênement dans lequel on n'a pas réalisé l'*indépendance des rênes* et dans lequel le point d'appui sur l'encolure peut se rapprocher de la nuque en dehors de la volonté du cavalier est d'un emploi très délicat et peut devenir dangereux.

Reportons-nous maintenant à la figure 48.

Le meilleur moyen d'avoir $\alpha < 45°$, c'est de faire $P A V < 45°$, autrement dit, de mettre P le plus en arrière possible; mais, avec la rêne coulante, P ne peut même pas atteindre le garrot et y être maintenu.

De plus, pour que l'intensité de l'action produite par le jeu de poulie mobile et la direction de cette action concourent le plus efficacement possible au but poursuivi, il faut que la partie de rêne A P vienne passer au-dessous de A M, même si la main est très basse.

Donc, une disposition d'enrênement appropriée au cas du cheval qui porte au vent doit prendre son point d'appui, non sur l'encolure, mais à la selle et le plus bas possible (1).

Des rênes fixées à la selle après avoir traversé les anneaux du filet ne sont autre chose que des « rênes allemandes ».

Celles-ci présentent l'inconvénient d'encapuchonner le cheval si, comme c'est le cas général, il porte au vent par suite d'une attache de tête défectueuse.

Mis dans l'impossibilité de garder cette attitude, le cheval cherche, en effet, à tomber dans l'extrême inverse.

L'enrênement à adopter avec un cheval qui porte au vent doit agir de haut en bas tant que la résistance dure, mais devenir instantanément releveur dès que l'encolure dépasse la bonne attitude.

J'expliquerai plus loin comment cette condition est remplie dans mon enrênement de dressage.

En résumé, avec une rêne coulante montée sur le filet, on peut augmenter dans des proportions déterminées l'action du cavalier d'avant en arrière.

On peut aussi produire sur le mors de filet une action de bas en haut qui fait remonter ce mors dans la bouche et comprime plus ou moins la commissure des lèvres : cette dernière action fait relever la tête et empêche le cheval de s'appuyer lourdement sur la main.

---

(1) C'est pour cela que les dés qui servent à fixer les courroies de retraite de mon enrênement de dressage sont montés sur des enchapures enfilées dans les pointes d'arçon, celles-ci étant les parties rigides de la selle placées le plus bas.

On dispose donc, pour lutter contre certaines contractions, de moyens plus efficaces qu'avec les rênes ordinaires. Mais ces moyens sont eux-mêmes limités comme intensité.

Ainsi, par exemple, on relèvera facilement un cheval un peu trop bas, on tiendra sans peine un cheval qui *tire* un peu, mais on n'aura pas assez de puissance contre certaines contractions énergiques qui dégénèrent en défenses : en particulier on n'aura pas assez de moyens pour tenir un emballeur.

D'autre part, la rêne coulante est sans action sur les chevaux qui portent au vent d'une façon gênante et peut devenir dangereuse avec les chevaux qui se cabrent.

Enfin, même lorsque la rêne coulante produit des actions efficaces, on remarquera que l'effet releveur est, en quelque sorte, au détriment de l'effet d'avant en arrière.

Or, nous savons (voir plus haut la théorie de l'enrênement de dressage) que l'effet releveur peut être souvent très utile pour diminuer les résistances en plaçant l'avant-main dans une attitude qui fasse équilibre à celle de l'arrière-main.

On conçoit donc, sans qu'il soit besoin de faire intervenir l'hypothèse de l'influence *du point d'appui sur l'encolure*, que l'on puisse obtenir des effets plus puissants que ceux décrits ci-dessus en superposant l'effet releveur à l'effet d'avant en arrière, c'est-à-dire en montant une rêne coulante non sur un mors de filet, mais sur un gag.

Rêne coulante montée sur un gag (1).

La figure 50 représente une rêne coulante montée sur un gag.

Si l'on enlevait la rêne coulante et si l'on adaptait des rênes ordinaires aux anneaux qui terminent les montants, on obtiendrait, en effet, un gag.

Ce qui précède nous donne donc tous les éléments de la théorie de cet enrênement (fig. 51).

En B s'exerce, dans la direction A B, prolongement de bissectrice de l'angle P B M, une force $R' = 2\,E \cos \gamma$, E représentant l'effort du cavalier.

En A s'exerce, dans la direction de la bissectrice de l'angle N A B, une force $R = 2\,R' \cos \beta$, cette

---

(1) Système du lieutenant de L...

force R se décomposant elle-même en une composante horizontale et une composante verticale.

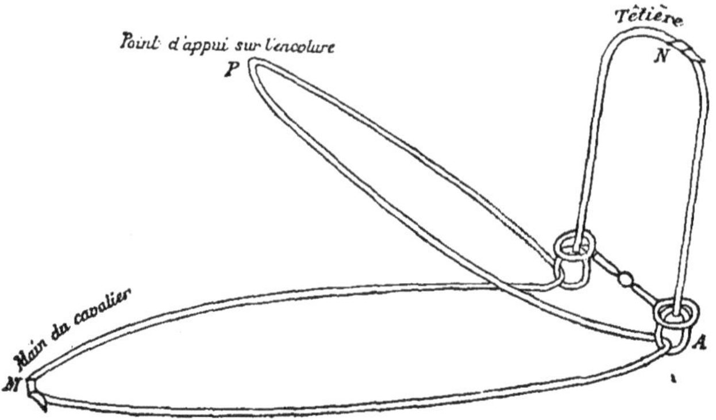

Fig. 50.

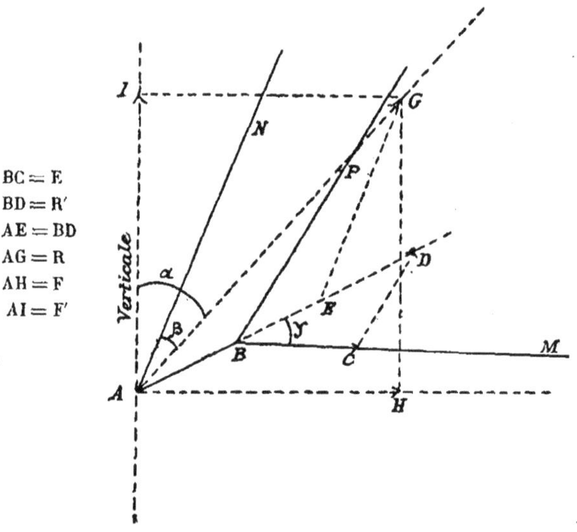

Fig. 51.

Il résulte de ce qui a été dit au sujet de la rêne coulante montée sur le filet que l'on peut écrire :

$$R = 4\,E\cos\beta\cos\gamma.$$

Si α est l'angle formé par la force R avec la verticale, la composante horizontale

$$F = R \sin \alpha = 4 E \sin \alpha \cos \beta \cos \gamma$$

la composante verticale

$$F' = R \cos \alpha = 4 E \cos \alpha \cos \beta \cos \gamma.$$

A) *La tête du cheval est verticale.*

a) Si N A est vertical, P B vertical, B M horizontal (fig. 52), on a : angle PBM $= 90''$, angle $\gamma = 45°$.
Par suite, angle NAB $= 45°$,

$$\beta = \frac{45}{2} \text{ et } R = 4 E \cos \frac{45}{2} \cos 45.$$

Comme la tête du cheval est verticale, nous avons $\alpha = \beta$.

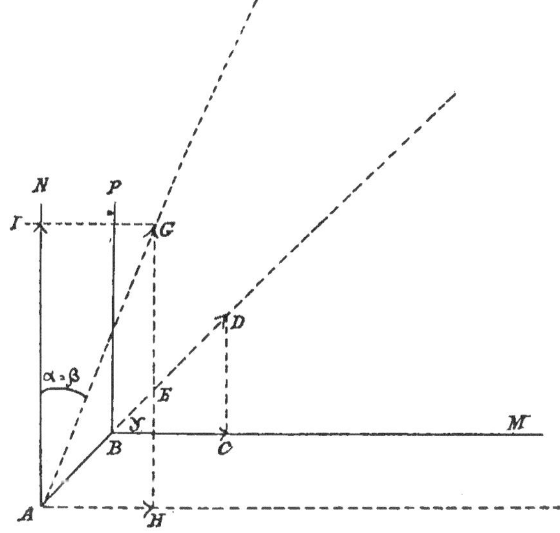

Fig. 52.

$$F = R \sin \alpha = R \sin \frac{45}{2} = 4 E \sin \frac{45}{2} \cos \frac{45}{2} \cos 45$$

$$= 2 E \sin 45 \cos 45 = E \sin 90° = E$$

$$F' = R \cos \alpha = R \cos \frac{45}{2} = 4 E \cos^2 \frac{45}{2} \cos 45$$

$$= 2 E \sqrt{2} \cos^2 \frac{45}{2} = 2 E \sqrt{2} \times \frac{1 + \cos 45}{2} = E \sqrt{2} \left(1 + \frac{\sqrt{2}}{2} \right)$$

$$= E (\sqrt{2} + 1) = E \times 2{,}414.$$

En d'autres termes (fig. 53), si la rêne coulante
passe à la nuque et si l'attitude de l'encolure est telle
que, lorsque le cavalier a les mains basses, les par-

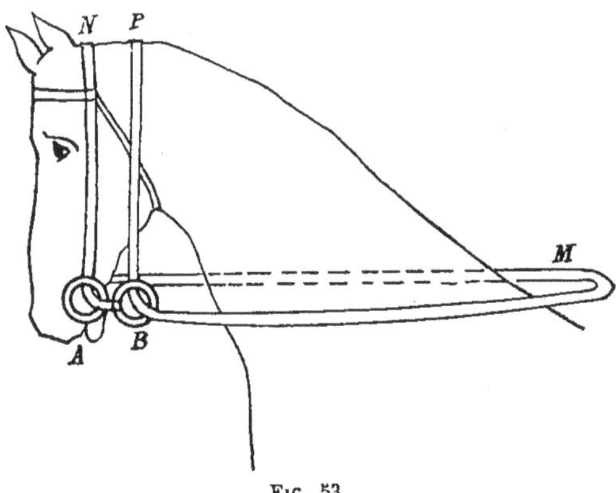

Fig. 53.

·ties de rênes tenues à la main sont horizontales, l'action d'avant en arrière n'est pas accrue, mais il se
produit un effet releveur égal à deux fois et demie
cette action.

b) Si N A est vertical, P B vertical, P B M=45°,
on a

$$\gamma = \frac{45}{2}, \beta = \alpha = \frac{45}{4},$$

$$R = 4 \, E \cos \frac{45}{4} \cos \frac{45}{2}$$

$$\text{et } F = R \sin \alpha = R \sin \frac{45}{4} = 4 \, E \sin \frac{45}{4} \cos \frac{45}{4} \cos \frac{45}{2}$$

$$= 2 \, E \times 2 \sin \frac{45}{4} \cos \frac{45}{4} \cos \frac{45}{2} = 2 \, E \sin \frac{45}{2} \cos \frac{45}{2} = E \sin 45$$

$$= \frac{E \sqrt{2}}{2} = E \times 0,707.$$

$$F' = R \cos \alpha = R \cos \frac{45}{4} = 4 \, E \cos^2 \frac{45}{4} \cos \frac{45}{2}$$

$$= 4 \, E \frac{1 + \cos 45}{2} \cos \frac{45}{2} = 2 \, E \left(1 + \cos \frac{45}{2} \right) \cos \frac{45}{2}$$

$$= E \left(2 \cos \frac{45}{2} + 2 \cos^2 \frac{45}{2} \right) = E \left(2 \cos \frac{45}{2} + 1 + \cos 45 \right)$$

$$= E (2 \times 0,923 + 1,707) = E \times 3,553.$$

Autrement dit (fig. 54), si la tête est verticale, si la rêne passe à la nuque et si le cavalier tient les mains très hautes, l'action d'avant en arrière est égale à

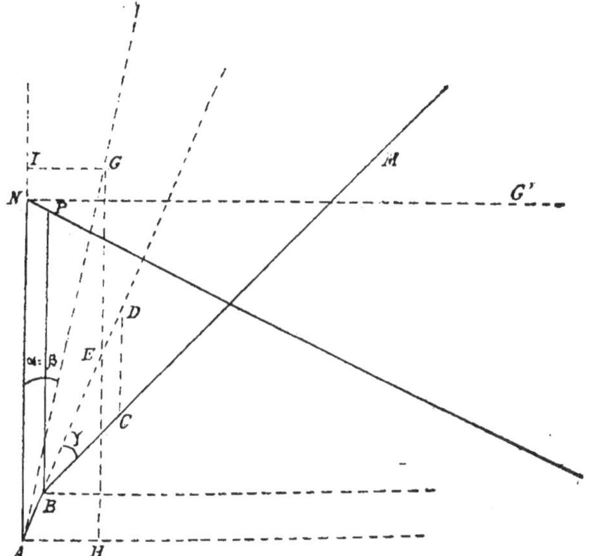

Fig. 53 *bis*.

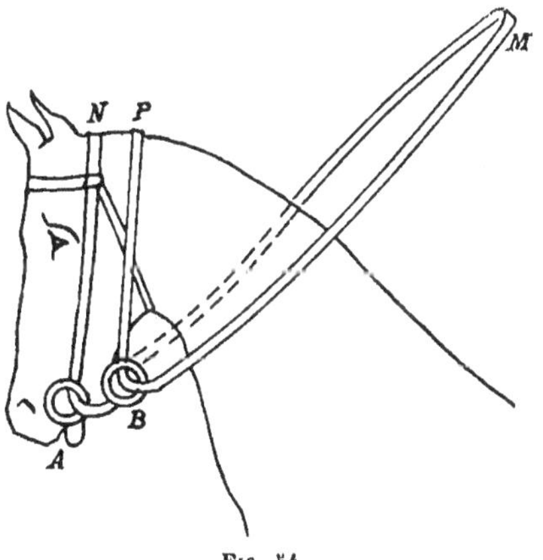

Fig. 54.

l'effort du cavalier diminué d'environ un tiers. Il se produit, par contre, un effet releveur *plus que triple* de l'effort du cavalier.

On voit quelle puissance donne cet enrênement pour relever un cheval encapuchonné.

Si la ligne A N G' (fig. 53 *bis*) représente la tête et l'encolure d'un cheval encapuchonné, on voit que, sans lever exagérément les mains, on peut néanmoins combattre ce défaut.

Rapprochant la figure 53 *bis* de la figure 25, on voit aussi qu'avec la rêne coulante montée sur un gag, on obtient naturellement une composante verticale beaucoup plus grande que la composante horizontale, ce qui est impossible à obtenir avec les rênes ordinaires de filet.

c) Si N A est vertical, P B incliné à 45°, B M horizontal (fig. 55), on a

$$\text{PBM} = 45°, \gamma = \frac{45}{2} \quad \beta = \alpha = \frac{\text{NAB}}{2} = \frac{\text{N'BR'}}{2}$$

$$= \frac{45 + \dfrac{45}{2}}{2} = \frac{45}{2} + \frac{45}{4}$$

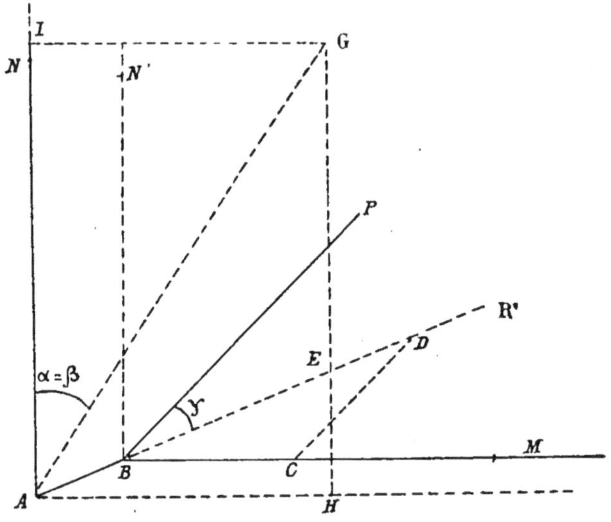

Fig. 55.

$$F = 4\,E \sin \frac{45 + \dfrac{45}{2}}{2} \cos \frac{45 + \dfrac{45}{2}}{2} \cos \frac{45}{2}$$

$$= 2\,E \sin \left(45 + \frac{45}{2}\right) \cos \frac{45}{2} = 2\,E \cos^2 \frac{45}{2} = E \times 1{,}707.$$

$$F' = 4\,E\,\cos^2 \frac{45 + \dfrac{45}{2}}{2}\,\cos\frac{45}{2} = 2\,E\left(1 + \cos\left[45 + \frac{45}{2}\right]\right)\cos\frac{45}{2}$$

$$= 2\,E\,\cos\frac{45}{2} + 2\,E\,\sin\frac{45}{2}\,\cos\frac{45}{2}$$

$$= E\left(2\,\cos\frac{45}{2} + \frac{\sqrt{2}}{2}\right) = E \times 2{,}553.$$

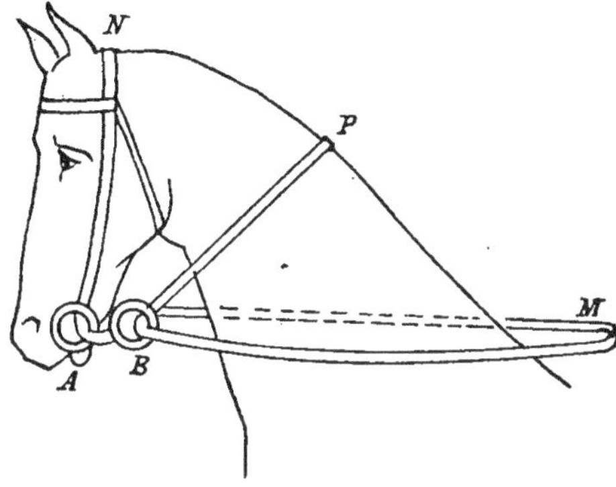

Fig. 56.

Autrement dit (fig. 56), si la tête est verticale, si la rêne coulante passe vers le milieu de l'encolure et si le cavalier tient les mains basses, l'action d'avant en arrière est égale à l'effort du cavalier augmenté des deux tiers; il se produit de plus un effet releveur d'une intensité égale à deux fois et demie l'action du cavalier.

d) Si N A est vertical, P B incliné à 45°, P B M = 0°, on a (fig. 57) :

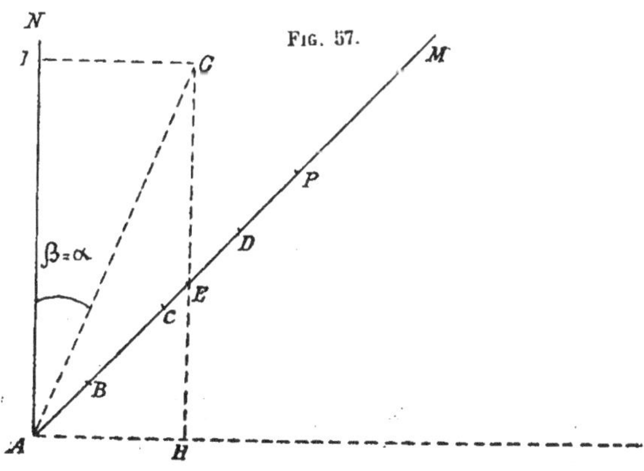

Fig. 57.

$$\gamma = 0 \qquad \beta = \alpha = \frac{45}{2} \qquad R = 4\,E\,\cos\frac{45}{2}$$

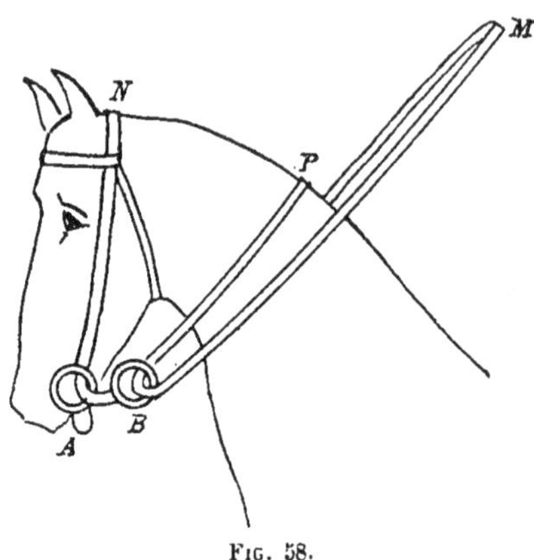

Fig. 58.

Autrement dit, si la tête est verticale, si la rêne coulante passe vers le milieu de l'encolure et si le cavalier tient les mains très hautes, l'action d'avant en arrière est égale à l'effort du cavalier augmenté de moitié. Il se produit de plus un effet releveur qui est plus du triple de l'effort du cavalier.

B) *La tête et l'encolure font chacune 45° avec l'ho-*
rizontale.

a) Si A N S = 90°, P B M = 45°, B M est horizontal (fig. 59).

Les formules $R = 4\,E\,\cos\beta\,\cos\gamma$, $F = R\,\sin\alpha$, $F' = R\,\cos\alpha$ donnent

$$F = 4\,E\,\sin\alpha\,\cos\beta\,\cos\gamma = 4\,E\,\sin\left(45 + \frac{45}{4}\right)\cos\frac{45}{4}\cos\frac{45}{2}$$

$$= 3\,E \text{ (à quelques centièmes près).}$$

$$F' = 4\,E\,\cos\alpha\,\cos\beta\,\cos\gamma = 4\,E\,\cos\left(45 + \frac{45}{4}\right)\cos\frac{45}{4}\cos\frac{45}{2}$$

$$= 2\,E \text{ (à quelques centièmes près).}$$

Autrement dit, lorsque la rêne coulante passe à la nuque (fig. 60), si la tête et l'encolure forment chacune 45° avec la verticale et si le cavalier tient natu-

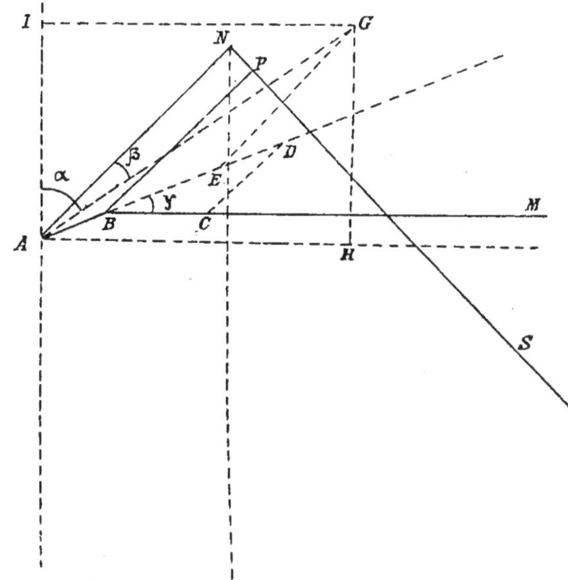

FIG. 59.

rellement les mains à hauteur des coudes, l'action
d'avant en arrière est sensiblement égale au triple de
l'effort du cavalier; il se produit de plus un effet releveur d'une intensité égale au double de cet effort.

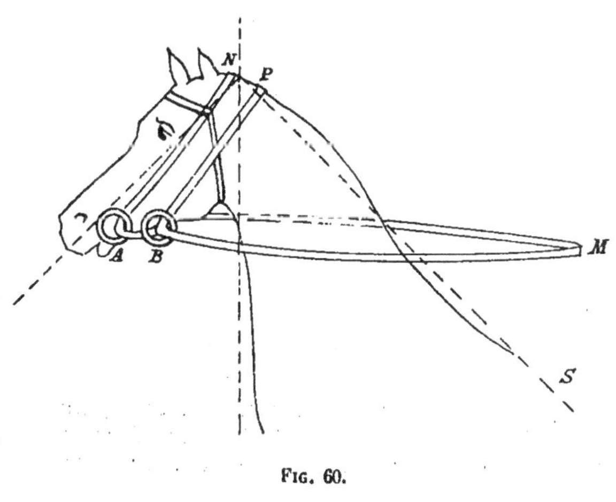

FIG. 60.

b) Si PBM $= \dfrac{45}{2}$, PB parallèle à AN, on a $\gamma = \dfrac{45}{4}$, $\beta = \dfrac{45}{8}$ $\alpha = 45 + \dfrac{45}{8}$ (fig. 61), puis

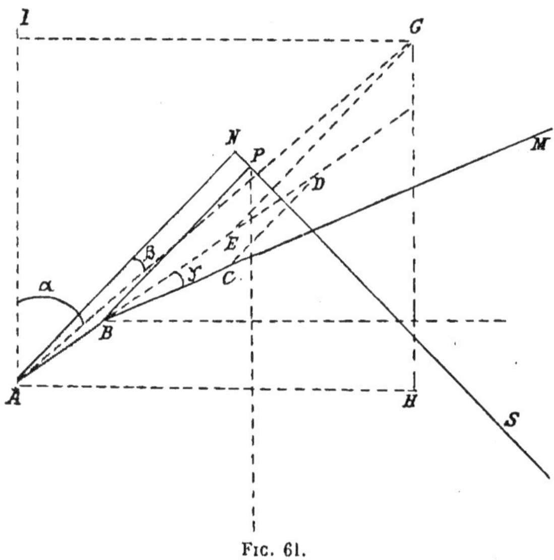

FIG. 61.

$$F = 4\,\mathrm{E}\sin\left(45 + \frac{45}{8}\right)\cos\frac{45}{8}\cos\frac{45}{4} = 3\,\mathrm{E}\ \text{(à quelques cen-}$$
tièmes près),

$$\text{et } F' = 4\,\mathrm{E}\cos\left(45 + \frac{45}{8}\right)\cos\frac{45}{8}\cos\frac{45}{4} = \mathrm{E} \times 2{,}467.$$

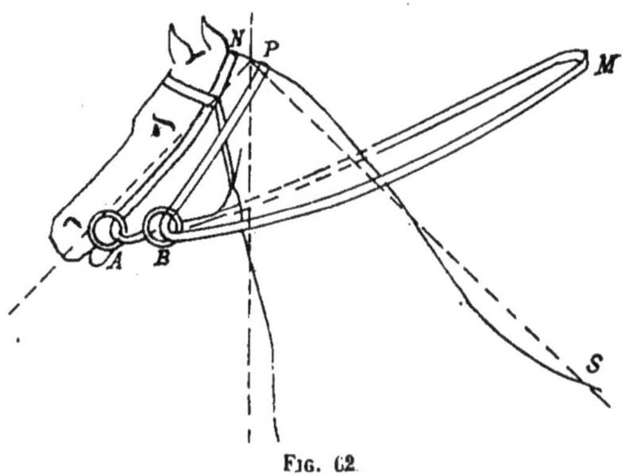

FIG. 62.

Autrement dit (fig. 62), lorsque la rêne coulante passe à la nuque, si la tête et l'encolure forment chacune 45° avec la verticale et si le cavalier tient les mains très hautes, l'action d'avant en arrière est sensiblement égale au triple de l'effort du cavalier; il se produit de plus un effet releveur d'une intensité égale à deux fois et demie cette action.

c) Si PBM = 0, NAB = $\dfrac{45}{2}$ (fig. 63), on a $\gamma = 0$, $\beta = \dfrac{45}{4}$ $\alpha = 45 + \dfrac{45}{4}$, puis

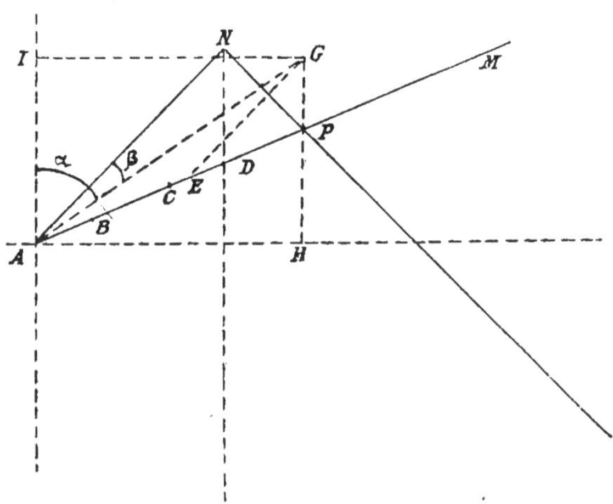

Fɪɢ. 63.

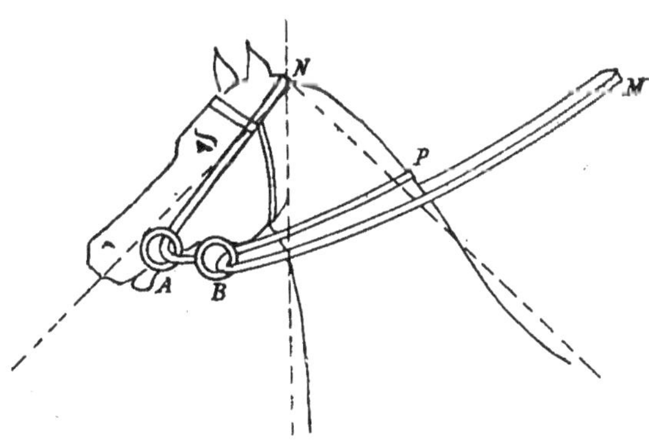

Fɪɢ. 64.

$$F = 4\,E \sin\left(45 + \frac{45}{4}\right) \cos\frac{45}{4} = E \times 3{,}262$$

$$F' = 4\,E \cos\left(45 + \frac{45}{4}\right) \cos\frac{45}{4} = E \times 2{,}178.$$

Autrement dit (fig. 64), lorsque la rêne coulante passe vers le milieu de l'encolure, si la tête et l'encolure forment chacune 45° avec la verticale et si le cavalier tient les mains très hautes, l'action d'avant en arrière est à peu près égale à trois fois l'effort du cavalier. Il se produit de plus un effet releveur d'une intensité égale à deux fois l'effort du cavalier.

d) Si PBM $= \dfrac{45}{2}$, BM horizontal, on a (fig. 65) :

$$\gamma = \frac{45}{4}, \qquad \beta = \frac{45 - \dfrac{45}{4}}{2}, \qquad \alpha = 45 + \frac{45 - \dfrac{45}{4}}{2}$$

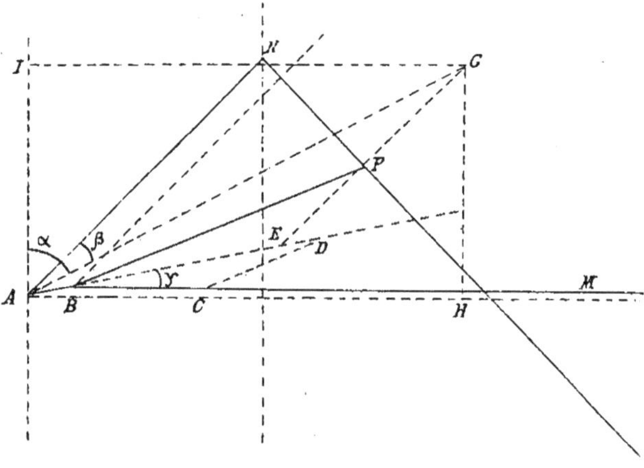

FIG. 65.

$$\text{puis } F = 4\,E \sin 61°{,}52'30'' \cos 16°{,}52'30'' \cos 11°{,}15'$$
$$= E \times 3{,}303,$$
$$\text{et } F' = 4\,E \cos 61°{,}52'30'' \cos 16°{,}52'30'' \cos 11°{,}15''$$
$$= E \times 1{,}768.$$

Autrement dit (fig. 66), lorsque la rêne coulante passe vers le milieu de l'encolure, si la tête et l'encolure forment chacune 45° avec la verticale et si le cavalier tient ses mains naturellement à hauteur des coudes, l'action d'avant en arrière est égale à trois fois et demie l'effort du cavalier. Il se produit de plus un effet releveur égal à l'effort du cavalier augmenté des deux tiers environ.

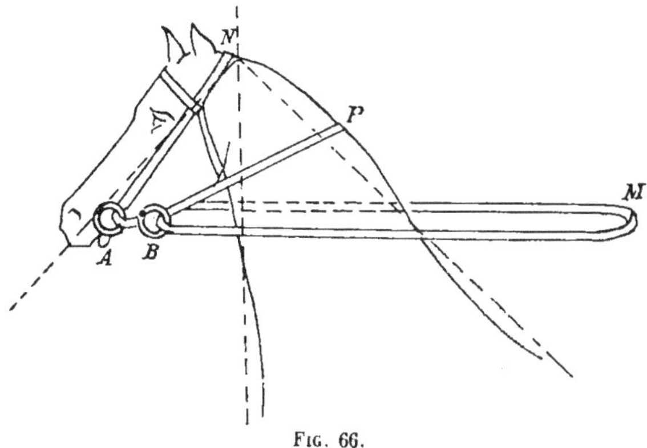

Fig. 66.

e) Enfin, s'il était possible d'avoir P B M = 0, N A B = 45° (fig. 67), on aurait $\gamma = 0$, $\beta = \dfrac{45}{2}$, $\alpha = 45 + \dfrac{45}{2}$, puis

$$F = 4\,E \sin\left(45 + \frac{45}{2}\right) \cos\frac{45}{2} = 4\,E \cos^2\frac{45}{2}$$

$$= 2\,E \times 2\cos^2\frac{45}{2} = 2\,E\,(1 + \cos 45) = E \times 3{,}414,$$

$$F' = 4\,E \cos\left(45 + \frac{45}{2}\right) \cos\frac{45}{2} = 4\,E \sin\frac{45}{2} \cos\frac{45}{2}$$

$$= 2\,E \sin 45 = 2\,E\,\frac{\sqrt{2}}{2} = E \times 1{,}414.$$

Autrement dit, s'il était possible avec la tête et l'encolure à 45° de maintenir la rêne coulante près du garrot, on obtiendrait en tenant les mains basses un effet d'avant en arrière égal à près de trois fois et demie l'effort du cavalier. Il se produirait de plus un léger effet releveur (une fois et demie environ l'action du cavalier).

Mais il n'est pas possible de maintenir près du garrot la rêne coulante, qui tend toujours à remonter lorsque les deux mains agissent simultanément.

Les calculs du paragraphe (*e*) s'appliquent, par contre, aux effets d'avant en arrière et de bas en haut produits par mon enrênement de dressage (disposi-

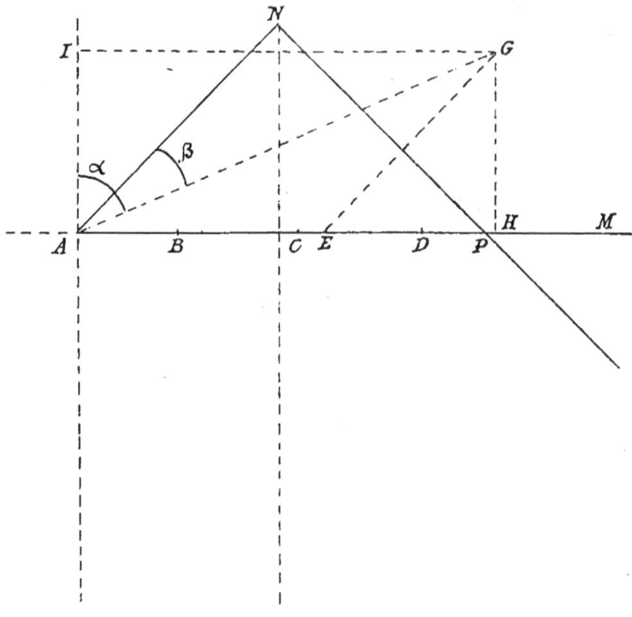

FIG. 67.

tion II) lorsque la tête et l'encolure font l'une et l'autre 45° avec la verticale et que le cavalier tient les mains basses.

Le tableau ci-après résume les effets produits par une rêne coulante montée soit sur le filet, soit sur un gag.

POSITIONS DE LA RÊNE.	TÊTE VERTICALE				TÊTE A 45°			
	RÊNE COULANTE MONTÉE SUR				RÊNE COULANTE MONTÉE SUR			
	Le filet.		Un gag.		Le filet.		Un gag.	
	$F =$	$F' =$	$F =$	$F' =$	$F =$	$F' =$	$F =$	$F' =$
Rêne à la nuque, mains basses............	E	E	E	$E \times 2,414$	$E \times 1,707$	$E \times 0,707$	3 E	2 E
Rêne à la nuque, mains hautes...........	$E \times 0,707$	$E \times 1,707$	$E \times 0,707$	$E \times 3,553$	$E \times 1,630$	$E \times 1,088$	3 E	$E \times 2,467$
Rêne au milieu de l'encolure, mains hautes.	$E \times 1,414$	$E \times 1,414$	$E \times 1,414$	$E \times 3,414$	$E \times 1,846$	$E \times 0,764$	$E \times 3,262$	$E \times 2,178$
Rêne au milieu de l'encolure, mains basses.	$E \times 1,707$	$E \times 0,707$	$E \times 1,707$	$E \times 2,553$	$E \times 1,923$	$E \times 0,382$	$E \times 3,303$	$E \times 1,768$

On voit que, si la rêne coulante est montée sur un gag, elle produit presque toujours des effets plus puissants que lorsqu'elle est montée sur un filet.

On voit aussi que, lorsque la rêne coulante, montée sur un gag, prend appui au milieu de l'encolure et que l'encolure est à 45°, c'est-à-dire *bien placée*, la rêne produit néanmoins des effets releveurs très appréciables.

Il m'a semblé préférable de réserver les effets releveurs pour le cas où l'encolure est affaissée et de réaliser, si l'encolure est bien placée, l'effet maximum d'avant en arrière, avec un effet releveur minimum ayant simplement pour but de décontracter la mâchoire et d'empêcher l'affaissement sous l'action d'avant en arrière.

J'ai donc considéré comme sans intérêt d'avoir une rêne passant vers le milieu de l'encolure, d'autant plus que cette disposition a l'inconvénient de choquer l'œil. C'est pourquoi j'ai établi :

1° La disposition III de mon enrênement qui donne les mêmes résultats que la rêne coulante montée sur un gag et passant à la nuque, mais avec cet avantage que mes rênes sont indépendantes.

La disposition III est à employer pour les chevaux trop bas dans leur avant-main.

2° La disposition II de mon enrênement qui donne un effet d'avant en arrière légèrement supérieur à celui que peut donner la rêne coulante montée sur gag, avec un léger effet releveur. Cette disposition est à employer pour les chevaux dont l'encolure est bien placée, mais qui présentent des contractions dans la mâchoire et la partie antérieure de l'encolure : elle est établie aussi avec l'indépendance des rênes.

C) *Le cheval porte au vent.*

On ferait, avec la rêne coulante montée sur un gag, relativement au cheval qui porte au vent, un raisonnement analogue à celui que j'ai fait plus haut pour la rêne coulante montée sur le filet.

On arriverait à la même conclusion, à savoir qu'une rêne coulante n'est pas à recommander pour le cheval qui porte au vent.

J'ai montré que ce défaut pouvait être combattu par l'emploi des « rênes allemandes », mais avec cet inconvénient toutefois que le cheval peut passer d'un extrême à l'autre et tomber dans l'encapuchonnement.

4.

Cet inconvénient sera évité en montant des rênes allemandes non sur le filet, mais sur un gag.

C'est la disposition I de mon enrênement, dans laquelle il se produit, tant que le cheval porte au vent, un effet abaisseur qui devient instantanément releveur dès que le cheval, en cédant, a ramené les rênes à la position horizontale.

L'indépendance des rênes.

J'ai indiqué, dans le courant de la discussion, pourquoi des rênes indépendantes me semblaient préférables à une rêne coulante.

Aussi ai-je établi mon enrênement avec des rênes *indépendantes* l'une de l'autre, chacune d'elles ayant son point de départ *variable* suivant la résistance à combattre et la direction à donner à la rêne, mais fixe dans chacune des trois dispositions indiquées.

S'il se produit, en particulier, une résistance latérale, le cavalier peut la combattre par l'action d'une seule rêne agissant soit par un effet direct, soit par un effet d'opposition. Si cette action était trop énergique, elle attirerait la tête de côté et, par opposition, rejetterait les hanches du côté opposé : l'arrière-main étant ainsi déplacée, le cavalier n'aurait à redouter ni le cabrer ni le renverser.

On remarquera que, même dans la disposition II, si le cavalier agit sur la rêne droite, par exemple, il ne produit aucun effet sur la rêne gauche.

Une action très énergique sur la rêne droite se transmettrait, par l'intermédiaire de la pièce E' et de la courroie de retraite R (fig. 7), au dé fixé au côté gauche de la selle, mais n'aurait aucune répercussion sur la rêne gauche.

Le point d'appui sur l'encolure.

La puissance des rênes coulantes, que l'on a voulu expliquer par l'hypothèse de l'influence du *point d'appui sur l'encolure*, tient, en réalité, au jeu de poulie mobile que constituent ces rênes.

Si le point d'appui *sur l'encolure* avait un effet réel, la rêne coulante devrait produire à peu près exactement les mêmes effets lorsqu'elle est montée soit sur le filet, soit sur un gag, pourvu que le point d'appui soit pris à la même place.

Or, il n'en est pas ainsi.....

On s'explique aisément l'effet physiologique qu'a obtenu Baucher sur son fameux cheval *Buridan* lorsque, après six semaines d'essais infructueux, il parvint à le flexionner en le piquant au garrot.

Cet effet physiologique est analogue à celui de l'éperon employé par pression à la sangle (Raabe).

Lorsqu'on passe *rapidement* la main ou la cravache sur le bord supérieur de l'encolure, il se produit encore un effet du même genre.

Mais l'*appui* d'une rêne sur le milieu de l'encolure ne produit pas d'effet sensible. Pour s'en convaincre, il suffit d'effectuer cet appui sans exercer d'autre part aucune action sur le mors. Le cheval baissera *peut-être* un peu la tête. Souvent il ne bougera pas : la mâchoire, si elle est contractée, le demeurera.

Les deux expériences suivantes montrent, du reste, que le point d'appui sur l'encolure n'a aucune influence sur la décontraction :

1° Soit un cheval présentant une forte contraction à la base de l'encolure et portant, en conséquence, l'encolure verticalement. Le cheval est sellé avec une selle de troupe nue, sans longe-poitrail, et une bride de troupe dont les rênes de filet ont été enlevées.

On prend une corde à fourrages. Le milieu de cette corde reposant sur le garrot en avant de la selle, on en fait passer chaque côté dans le dé correspondant de longe-poitrail, dans l'anneau de filet du même côté et l'on réunit enfin par un nœud les deux extrémités de la corde, de manière à former une paire de rênes que le cavalier, monté, tient à la main.

On obtiendra de cette manière des effets certains de décontraction.

Si maintenant ou coupe la corde au-dessus du garrot et qu'on noue respectivement les deux tronçons aux dés correspondants de longe-poitrail, l'action sur le dessus de l'encolure se trouve supprimée : *on obtiendra cependant les mêmes effets que dans le cas précédent*, parce que, dans les deux cas, la résultante des forces agit dans la même direction.

2° Soit un cheval présentant une contraction de l'attache de la tête sur l'encolure. Le cheval est sellé avec une selle de troupe munie de sacoches aussi pleines que possible, sur lesquelles on place un manteau arrimé solidement, mais en hauteur.

Comme bride, celle réglementaire, avec une rêne

coulante montée sur le filet et prenant appui sur le milieu de l'encolure.

On obtiendra ainsi des effets de décontraction.

Que l'on réunisse maintenant le sommet du manteau et le point de contact de la rêne avec l'encolure à l'aide d'une courroie de paquetage bien tendue, mais ne modifiant pas la direction des portions de rênes comprises entre la couture et les anneaux de filet, les effets de décontraction seront les mêmes parce qu'on n'a pas modifié la direction de la résultante des forces mises en jeu.

La théorie du *point d'appui sur l'encolure* admet que ce point d'appui s'oppose à l'acculement en poussant le cheval en avant.

Je ne crois pas que cette hypothèse soit exacte.

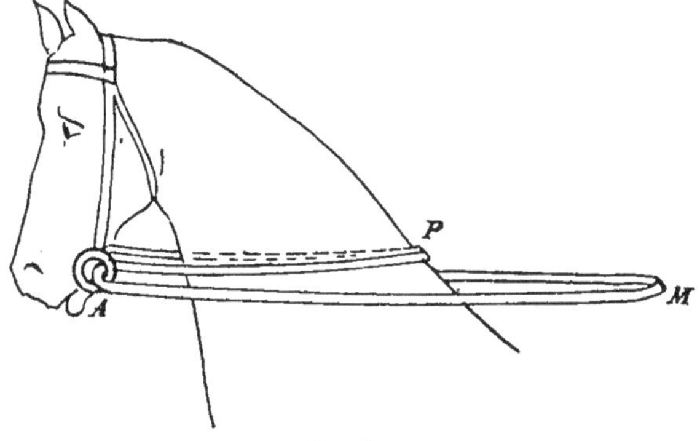

FIG. 68.

Soit en effet une rêne coulante montée sur le filet (le plus simple des enrênements avec point d'appui sur l'encolure).

Que le point d'appui *sur l'encolure* ait ou non de l'action, il est certain que la rêne forme avec le mors de filet un système de poulie mobile (1).

Or, mettons-nous (fig. 68) dans le cas où ce système

---

(1) Un contradicteur a prétendu détruire ma théorie en objectant que, soit dans les rênes coulantes, soit dans la monte américaine, il n'y a pas de *point fixe*, puisque le point de contact des rênes avec l'encolure peut se déplacer à la volonté du cavalier. C'est jouer sur les mots. Si je plante le long d'un mur une rangée de clous et si j'y accroche successivement un objet, on peut dire que cet objet est mobile, puisqu'on peut le pendre en différents endroits. Cela n'empêche pas qu'il soit fixe (ou fixé, si l'on préfère) chaque fois qu'il est accroché soit à un clou soit

produit l'effet maximum : brins parallèles, la partie passant sur l'encolure reculée le plus possible.

Si nous produisons en M une force de 1 kilogr. par exemple, la force qui agira en A sur le mors de filet sera de 2 kilogr. ; *la pression au point P sera de 1 kilogr.*

Si cette pression poussait le cheval en avant, celui-ci serait soumis à deux forces, l'une de 1 kilogr. le poussant en avant, l'autre de 2 kilogr. le retenant : en fin de compte, il serait retenu avec une force de 1 kilogr.

Si donc le point d'appui sur l'encolure avait l'influence qu'on a cru pouvoir lui attribuer, il en résulterait que, dans les circonstances les plus favorables, la rêne coulante montée sur le filet n'aurait pas plus de puissance qu'une rêne ordinaire; il en résulterait également que, si le point P était vers le milieu de l'encolure, la rêne coulante montée sur le filet aurait moins de puissance qu'une rêne ordinaire.

Prenons comme exemple un cheval qui « tire » très fort par suite de surcharge des épaules. Ce défaut est l'inverse de l'acculement. Si donc la rêne coulante s'oppose à l'acculement, elle doit favoriser la surcharge des épaules. Elle serait, par suite, contre-indiquée dans le cas envisagé. Or, c'est précisément une des résistances contre lesquelles son emploi donne d'excellents résultats..... La conclusion s'impose.

L'opinion que la rêne coulante s'oppose à l'acculement se base également sur ce fait — parfaitement exact d'ailleurs — que les chevaux soumis à ce procédé de dressage gagnent du perçant.

Le surcroît d'impulsion résulte de ce que le cheval, sachant céder aux indications de la main, le cavalier ne tire plus pour le faire obéir.

N'étant gêné en rien, le cheval marche, et il marche d'autant mieux que sa tête et son encolure ont été placées dans une attitude plus favorable à l'équilibre.

Le bénéfice de ce surcroît d'impulsion n'est, du reste, pas exclusivement à l'actif des rênes coulantes.

Il s'obtient au moins autant sinon mieux avec la progression développée dans le courant de ce travail et basée sur l'emploi de l'enrênement de dressage.

à un autre. C'est exactement la même chose pour les rênes coulantes ou pour la monte américaine. Chaque fois que la portion de rênes qui porte sur l'encolure exerce un *appui*, le point de départ est fixé pour toute la durée de l'appui. S'il en était autrement, il n'y aurait pas *appui* mais *frottement*.

Des pressions sur le bord supérieur de l'encolure faites avec la main peuvent, dans une certaine mesure, s'opposer à l'acculement ; mais, la main étant, dans ce cas, *absolument indépendante de l'enrênement*, les effets produits n'ont aucun rapport avec ceux des rênes coulantes.

Enfin la comparaison des effets des rênes coulantes et de ceux de la monte américaine infirme mieux encore la théorie du point d'appui sur l'encolure.

Les rênes coulantes ont été construites dans le but de donner au cavalier la puissance de main que les jockeys américains retirent de leur tenue de rênes sans toutefois obliger la cavalerie à porter le corps en avant.

Or, en réalité, il n'y a rien de commun entre le mode d'action des rênes coulantes et celui de la monte américaine. Ce sont même deux choses diamétralement opposées, puisque les rênes coulantes ont d'autant plus d'action d'avant en arrière qu'elles prennent appui plus près du garrot, tandis que c'est l'inverse dans la monte américaine.

La monte américaine agit en *diminuant mécaniquement la résistance du cheval*. Les rênes coulantes agissent, au contraire, en *augmentant mécaniquement la puissance du cavalier*. Elles permettent, *dans certains cas*, d'appliquer cette augmentation de puissance dans une direction telle que les effets produits soient localisés sur la région où se manifeste la résistance à combattre.

C'est cette localisation des effets par la direction de la résultante des forces mises en jeu que je me suis proposée dans l'établissement de mon enrênement qui permet, *dans tous les cas*, d'augmenter *jusqu'au maximum* les moyens d'action du cavalier.

C'est aussi à ce résultat que tend le « gag », solution d'un cas concret, auquel répond la disposition III de mon enrênement.

C'est encore à ce résultat que visent les « rênes allemandes », solution de cas plus nombreux, réalisée d'une manière plus complète par la disposition I de mon enrênement.

C'est également ce même résultat que cherchent certains écuyers de l'école Baucher qui obtiennent à pied la *flexion directe* soit de pied ferme, soit en marchant au pas à côté du cheval, en utilisant la direction d'une rêne passant *par-dessus l'encolure*.

C'est toujours à ce résultat que tendait M. de Montigny lorsqu'il a imaginé, pour le cheval non monté et travaillant aux allures vives, son « hippo-flec-teur » dans lequel il se sert *d'un dessus d'encolure mobile* pour faire varier la direction de la rêne qui agit.

C'est enfin ce résultat que je me suis proposé dans le travail à la longe sur les mors en appliquant à la théorie de Baucher sur la corrélation des contractions de l'arrière-main et de l'avant-main, le procédé qui consiste à se servir d'une longe au lieu d'une rêne pour obtenir les flexions, ce qui permet de les deman-der aux allures vives sans être obligé de courir à côté du cheval (1).

La longe de Norton Smith.

On a voulu expliquer les effets de la longe de Nor-ton Smith par la théorie du point d'appui sur l'en-colure.

J'ai trop pratiqué cette longe pour pouvoir par-tager cette opinion.

La longe de Norton Smith n'est pas un moyen *d'assouplissement*, c'est un moyen de *domptage*.

Elle repose sur le principe de la méthode Rarey, que l'on retrouve dans de nombreux appareils de contention et, en particulier, dans ceux de Raabe : priver le cheval d'une partie de ses moyens en le sou-mettant, d'ailleurs sans brutalité, à l'action momen-tanée d'une force à laquelle il lui est impossible de se soustraire. Le *procédé* employé pour l'application de ce *principe* est l'*immobilisation de la tête sur l'encolure*.

On retrouve l'application de ce même procédé dans l'appareil de contention connu qui consiste à passer une corde dans la bouche et sur l'*encolure* du cheval et à tordre ensuite les bouts libres avec un morceau de bois, à la façon d'un tord-nez.

On retrouve encore l'application de ce procédé dans la disposition suivante qui, de temps immémorial, est employée par les cavaliers du Chili et de la Ré-publique Argentine : une corde est fixée au bridon du côté gauche, passe ensuite sur l'*encolure*, traverse l'anneau droit du bridon et vient à la main du cava-

---

(1) Ce travail à la longe sur les mors n'a donc que des rapports d'analogie avec celui du capitaine C..., qui repose sur une théorie qui lui est personnelle.

lier. Si celui-ci exerce une traction sur la corde, il
prend dans un nœud coulant la tête et l'encolure et
fixe ainsi l'une sur l'autre.

L'immobilisation de la tête sur l'encolure.

Lorsque, par un procédé quelconque, le dresseur
(ou le cavalier) fixe la tête du cheval sur l'encolure,
il empêche le cheval de modifier à son gré la répartition de son poids par le jeu de balancier de l'encolure. Il le prive donc d'une partie de ses moyens et
peut exploiter cette circonstance pour le dominer
plus aisément.

C'est ainsi que l'on peut expliquer certains effets
des rênes coulantes. C'est également ainsi que s'explique la manière dont quelques cavaliers extrêmement remarquables procèdent pour corriger avec une
rêne coulante un cheval qui se cabre.

Au moment où le cheval exécute cette défense, le
cavalier, au lieu de rendre, serre les doigts. *Si le
cheval cède à l'action de la rêne coulante en fermant
l'angle de la tête sur l'encolure*, le cavalier obtient
ce résultat de fixer la tête sur l'encolure, c'est-à-dire
de priver le cheval d'une partie de ses moyens. Si,
dans ces conditions, le cavalier attaque à l'éperon,
le cheval, *privé d'une partie de ses moyens*, est en
état d'infériorité pour lutter : il reçoit donc une correction qui peut être des plus efficaces.

Mais il faut pour cela : 1° que le cheval cède à l'action de la rêne coulante au moment même où il
exécute sa défense, ce qui peut ne pas se produire;
2° que le cavalier ait une assiette imperturbable, de
manière à serrer simplement les doigts sans tirer sur
les rênes.

Si le cheval ne cède pas à l'action de la rêne coulante, s'il place l'encolure verticalement, la tête perpendiculaire à celle-ci, et si le cavalier tire sur ses
rênes, c'est la chute à la renverse (fig. 40 et texte
correspondant); 3° il faut enfin que le cavalier soit
assez habile pour attaquer le cheval pendant qu'il
se cabre, ce qui n'est pas le fait de tout le monde.

D'après la théorie du point d'appui sur l'encolure, l'explication des effets produits serait toute
autre. Le cavalier, en agissant sur la rêne coulante
pendant le cabrer, produirait sur l'encolure une
pression qui, non seulement aurait pour résultat
d'empêcher l'acculement, mais même ferait basculer

l'encolure en avant et obligerait le cheval à reprendre pied.

Il est certain qu'une pulsion d'arrière en avant
se produisant près de la nuque pendant que l'avant-
main ne touche pas le sol (équilibre instable) jette
du poids sur l'avant-main dont elle précipite la des-
cente.

.C'est le cas du « rouler » des jockeys américains.
Il faut bien remarquer toutefois que la pulsion près
de la nuque, produite à chaque foulée de galop dans
le « rouler », est l'action *immédiate* sur l'encolure du
« pont » que forme le jockey avec ses rênes. Cette pulsion est la représentation intégrale de l'effort fait
par le jockey en s'appuyant sur ses mains.

Elle n'est donc pas comparable à l'appui pris sur
l'encolure par une rêne coulante qui n'arrive à la
main du cavalier qu'après avoir traversé les anneaux d'un mors de filet sur lesquels elle forme *indubitablement* un système de poulie mobile.

C'est donc toujours à la théorie de la poulie mobile
(fig. 30 et texte correspondant) que nous devons nous
reporter pour nous rendre compte des effets réels
exercés.

Si la rêne coulante produit sur l'encolure une pulsion qui tend à obliger le cheval cabré à reprendre
pied, il est évident que cette pulsion sera d'autant
plus efficace qu'elle se produira près de la nuque.

Comme, en même temps que cette pulsion, il se produit, en sens inverse, un effet sur la bouche du cheval, il est également évident que, pour que le cheval
cède à la pulsion, il faut que celle-ci soit supérieure
comme intensité à l'effet exercé sur la bouche.

Soit donc une rêne coulante montée sur le filet et
passant à la nuque (fig. 31 et 32).

La théorie de la poulie mobile nous enseigne que,
si nous produisons sur une rêne une force F, l'action
sur la nuque sera égale à F.

Si nous appelons R l'effet produit sur la bouche du
cheval, nous avons $\frac{F}{R} = \frac{1}{2 \cos \alpha}$, α étant la moitié de
l'angle formé par les deux parties de la rêne cou-
lante à leur passage sur le mors de filet.

Cette formule nous montre que, pour que l'on ait
$F > R$, autrement dit pour que la pulsion sur l'encolure soit supérieure en intensité à l'action sur le
mors de filet, il faut que l'on ait $\alpha > 60°$, c'est-à-dire
que l'angle formé par les deux parties de la rêne

coulante à leur passage sur le mors soit plus grand que 120°.

Il est possible qu'un cavalier *grand et mince*, en se couchant sur l'encolure et tendant les bras en avant, puisse réaliser cette condition. Encore faut-il que les proportions du cheval s'y prêtent.

Dès que la rêne coulante passe non sur la nuque, mais plus en arrière, il devient matériellement impossible de rendre l'angle considéré plus grand que 120°.

A plus forte raison, est-ce impossible avec une rêne coulante montée sur un gag.

Du reste, à défaut de tout calcul, le raisonnement ci-après montre le peu d'efficacité de la pulsion sur l'encolure : si cette pulsion, se produisant en même temps que l'action sur le mors, avait pour effet de faire baisser l'encolure, il faudrait, d'une manière générale, faire passer la rêne coulante à la nuque pour les chevaux à baisser et au garrot pour les chevaux à relever.

Or, les promoteurs de la théorie du point d'appui sur l'encolure enseignent — et avec raison — qu'il faut faire passer la rêne coulante le plus près possible du garrot pour les chevaux qui portent au vent et à la position du gag ordinaire pour ceux qui s'encapuchonnent.

Par conséquent, c'est seulement dans des cas très rares et par suite d'un concours de circonstances que les résultats obtenus par l'emploi de la rêne coulante sur les chevaux qui se cabrent peuvent être attribués à l'effet de pulsion.

Ces résultats tiennent à l'immobilisation de la tête sur l'encolure : donner une correction par le procédé indiqué plus haut ne peut être tenté avec succès que par des cavaliers de tout premier ordre.

Cela ne saurait donc rentrer dans le cadre de ce travail qui vise simplement le dressage du cheval de troupe par un homme de troupe.

On donne encore une autre explication des résultats que quelques cavaliers ont pu obtenir pour corriger, avec une rêne coulante, un cheval cabreur.

Le dresseur a commencé par apprendre au cheval, à l'aide de la longe Norton, que, s'il se porte en avant dès qu'une traction est exercée sur la longe (cette traction ayant pour effet de fixer la tête sur l'encolure), la contention cesse immédiatement.

Lors donc que le cavalier produit avec une rêne coulante, au moment de la préparation du cabrer, l'immobilisation de la tête sur l'encolure, le cheval, par « association d'idées », se portera en avant, certain qu'il sera mis aussitôt à l'aise.

Si le cheval répond ainsi à l'action de la rêne coulante, rien de mieux. Mais s'il n'y répond pas et si le cavalier continue la traction, il n'empêchera pas le cabrer, le provoquera au contraire et pourra même amener le renverser.

J'ai entendu exprimer l'opinion qu'un cheval, fortement enrêné comme il l'est par l'action énergique d'une rêne coulante, peut difficilement se cabrer et se renverser.

Je ne conseillerai à personne de tenter l'expérience qui présente de réels dangers. Je me bornerai à opposer à l'opinion ci-dessus les lignes suivantes extraites de l'ouvrage du général J. de Benoist sur la « conduite du cheval ».

« Le cheval peut se cabrer et se cabrer droit quelle que soit la position de la tête et de l'encolure.

» Voyez l'étalon s'approcher de la jument : il se cabre et marche sur ses membres postérieurs, l'encolure rouée, la tête placée, il fait le beau. Au cirque, le cheval, qui, fortement enrêné, s'enlève à la chambrière, prend la même position.

» Le cheval qui joue dans la prairie se cabre de même et pirouette sur les jarrets à droite, à gauche, l'encolure rouée, la tête tournée à gauche ou à droite.

» Sans doute le cheval qui, dans sa cabrade, a l'encolure placée, est plus solide sur ses membres postérieurs que celui qui se cabre l'encolure allongée ou renversée en arrière. Le deuxième, s'il s'abat, aura des chances pour se renverser sur son cavalier, tandis que le premier, en tombant, l'écrasera par côté.

» Il n'y aura pas finalement grande différence.

» Il ne faut donc pas chercher à empêcher un cheval de se cabrer en lui donnant une position particulière de la tête, mais bien en mobilisant ses hanches.

» Dès lors, pourquoi mettre une martingale au cheval qui a l'habitude de se cabrer, puisque cet appareil ne saurait l'en empêcher, tandis qu'il enlèvera au cavalier les actions des rênes directes, indispensables pour mobiliser l'arrière-main et empêcher la cabrade. »

La critique que le général de Benoist adresse à la martingale peut s'adresser également aux rênes coulantes, avec lesquelles on ne peut pas mobiliser l'arrière-main, puisqu'elles privent le cavalier d'un de ses moyens d'action les plus efficaces, les effets d'opposition.

J'en conclus que, dans le dressage des chevaux qui se cabrent, il est préférable d'exploiter l'immobilisation de la tête sur l'encolure en se servant d'appareils permettant de mobiliser l'arrière-main, tels que la longe de dressage employée comme il est dit précédemment (chap. V, Chevaux qui ruent ou qui se cabrent) ou l'enrênement de dressage *avec indépendance des rênes*.

Synthèse de la discussion.

De tout ce qui précède, je crois pouvoir conclure que l'influence du *point d'appui sur l'encolure* peut être l'explication discutable d'un fait connu, mais ne constitue pas un fait nouveau.

La théorie à laquelle elle sert de base présente le mérite apparent de la simplicité. Elle offre l'inconvénient majeur d'être en contradiction absolue avec les principes les plus certains de la mécanique (1).

Les appareils divers auxquels elle a donné naissance procurent dans certains cas d'excellents résultats, mais cela tient aux effets mécaniques qu'ils produisent, effets tout différents de ceux recherchés par leurs constructeurs.

D'ailleurs, les plus fervents adeptes de la théorie

---

(1) On m'a parfois objecté que le cheval, être animé, ne relève pas des lois de la mécanique, parce que sa volonté échappe au calcul. On ne peut évidemment pas transformer un problème équestre en une équation dans laquelle les quantités connues seraient les actions produites et la volonté du cheval, puis résoudre cette équation par rapport à la manière dont le cheval répond, celle-ci étant considérée comme l'inconnue. Ce n'est du reste pas de cela qu'il s'agit. Lorsqu'on transmet une force à un mobile quelconque à l'aide d'un appareil tel que le levier ou la poulie, on sait de quelle manière cette force est augmentée. Cette augmentation est la même, que le mobile soit animé ou inanimé, qu'il veuille y céder ou non. On peut, en exploitant les associations d'idées, dresser un cheval aux choses les plus étranges. J'ai connu un fantaisiste qui avait appris à son cheval à partir au galop à droite lorsqu'on lui tirait sur la queue. Cela ne veut pas dire que tirer sur la queue d'un cheval soit un moyen logique pour le faire partir au galop. Le propre d'un dressage rationnel est précisément de produire des actions auxquelles instinctivement le cheval soit porté à répondre, en raison de l'effet mécanique de ces actions.

dont il s'agit sont obligés de reconnaître que leurs appareils sont « sans effet sur certaines encolures ».

En réalité, les rênes coulantes permettent uniquement d'agir dans le plan médian du cheval; par construction, elles produisent des effets de bas en haut et d'avant en arrière.

Elles permettent donc de lutter efficacement contre les résistances de bas en haut et d'arrière en avant dans le plan médian. Elles ne peuvent pas donner autre chose.

Employées sans effet de force, elles placent mécaniquement, dans les circonstances où elles sont susceptibles d'agir, la tête et l'encolure dans une position favorable à l'obtention de l'équilibre.

Employées plus énergiquement, elles fixent la tête sur l'encolure et facilitent ainsi la domination.

Quant à l'*enrênement de dressage*, tel que je l'ai décrit dans le cours de ce travail, il permet d'agir soit dans le plan médian, soit dans les plans latéraux ou diagonaux. Il produit par construction et suivant la disposition employée des actions soit de bas en haut, soit d'avant en arrière, soit de haut en bas.

Employé sans effet de force, il place mécaniquement la tête et l'encolure dans l'attitude la plus favorable à l'obtention de l'équilibre. Il permet également, s'il en est besoin, de fixer la tête sur l'encolure (1) et cela d'autant mieux que la partie de l'enrênement reposant sur l'encolure ne peut pas se déplacer en avant sous l'action simultanée des deux rênes.

Autrement dit, l'*enrênement de dressage* donne des résultats dans tous les cas où les rênes coulantes agissent; il en donne, de plus, dans les circonstances où celles-ci n'ont pas d'effet.

L'impuissance des rênes coulantes devant certaines résistances n'a pas échappé à leurs promoteurs.

Ils disent, par exemple : « Si l'état d'avancement du dressage ne permet pas de se passer des effets d'ouverture, on embouchera le cheval sur un double filet, la rêne d'appui n'agissant que sur un des mors. » Traduction : Si le cheval présente une contraction latérale, le cavalier doit avoir recours aux moyens ordinaires, la rêne coulante ne pouvant, dans ce cas, lui être d'aucune utilité.

Ils recommandent, au sujet du cheval qui porte au

______

(1) Particulièrement avec la disposition II.

vent d'une façon gênante, de monter la rêne coulante
sur la bride, ce qui montre péremptoirement que ce
qui baisse le cheval, c'est la direction dans laquelle
agit le mors de bride (1) et non l'appui de la rêne
sur l'encolure.

Ils reconnaissent enfin les inconvénients de la mo-
bilité du point de contact de la rêne coulante avec
l'encolure, puisqu'ils enseignent que « si cette partie
de la rêne vient à se déplacer trop facilement sur
l'encolure, on peut y remédier soit en la fixant à la
crinière préalablement nattée, soit par tout autre
moyen ».

---

(1) Il faut toutefois remarquer qu'on obtiendrait de meilleurs résultats en montant sur la bride la disposition I de
« l'enrênement de dressage, ce qui reviendrait aux « rênes
allemandes » montées sur la bride. La direction dans laquelle agiraient les rênes serait ainsi plus conforme au but
poursuivi.

FIN

TABLE DES MATIÈRES

Paris et Limoges. — Imp. milit. H. CHARLES-LAVAUZELLE.